河合隼雄

著

刘曦坤 译

柳泽有美 校

働きざかりの心理学

成年期的心理学

东方出版中心

图书在版编目（CIP）数据

盛年期的心理学 / （日）河合隼雄著；刘曦坤译. —
上海：东方出版中心, 2021.5
ISBN 978-7-5473-1412-8

Ⅰ.①盛… Ⅱ.①河… ②刘… Ⅲ.①心理学-通俗读物
Ⅳ.①B84-49

中国版本图书馆CIP数据核字（2021）第037595号

HATARAKIZAKARI NO SHINRIGAKU
By HAYAO KAWAI
© 1981 KAWAI HAYAO FOUNDATION
Original Japanese edition published by SHINCHOSHA Publishing Co. , Ltd.
Chinese (in simplified character only) translation rights arranged with
SHINCHOSHA Publishing Co. , Ltd. through Bardon-Chinese Media Agency, Taipei.
Simplified Chinese translation copyright @ 2021 by Orient Publishing Center

上海市版权局著作权合同登记：图字09-2021-0241号

盛年期的心理学

著　　者　[日]河合隼雄
策　　划　刘　鑫
责任编辑　刘　军
装帧设计　今亮後聲 HOPESOUND 2580590616@qq.com · 小九

出版发行　东方出版中心
地　　址　上海市仙霞路345号
邮政编码　200336
电　　话　021-62417400
印 刷 者　杭州日报报业集团盛元印务有限公司

开　　本　787mm×1092mm　1/32
印　　张　7.25
字　　数　115千字
版　　次　2021年5月第1版
印　　次　2021年5月第1次印刷
定　　价　39.80元

目　录
Contents

前　言

　　"盛年"这个词,听来确实颇觉悦耳。这个词很容易让我们在头脑中描绘出这样一幅场景——形形色色的人们在各类不同的职场上,最大程度地发挥自己的能力努力工作着,周围的人们对此满怀期待,而自己也拥有足够的能力满足周围人们的这份期待,圆满地完成工作。这样的作为,显然当得起"盛年"这个词。可以说,处于盛年期的人,是在工作中不仅能得到相应的工作酬报,同时也能感受到工作快意和乐趣的人。

　　我们现在正置身的社会堪称"富裕社会",对于处于盛年期的人而言,可以过上充分体现工作价值的生活,这与过去处于战争时期的日本,实在是有天翻地覆的不同。在那个时代,对于青壮年而言,他们距离死亡并不遥远。或者在以往贫穷的年代,"劳作不止"的生活也不能让人获得任何满足。这样想来,在当下这种"富裕社会"中迎来盛年,无疑是值得心怀感激的事,我想首先这点不可轻易地从我们心中抹去。

不过,人活在这个世界上,不可能事事如愿,即使处于这样意气风发的上升状态中,我们还是会面临之后我所要提及的种种不如意的问题,这也许就是生活的常态。尽管如此,我们必须铭记在心的是,和以往的年代相比,我们生活的方方面面都宽松便利了许多,不然的话,我们很容易使自己的日常生活陷在"过去的日子比现在好过多了啊!"这类喋喋不休又毫无意义的议论中。回顾过往,确实能让人感觉安心、温暖,但从中很难产生有建设性的发现。

人类从古至今总是挂在嘴边的一句话是:"最近的年轻人呀,都难成大器!"类似这样的感叹甚至在公元前的古书里就有记载了。不过最近听到二十出头的年轻人也说着这样的言论,不免让我感到吃惊。看来对于他们来说,也同样苦恼于难以理解那些仅仅比他们小两三岁的"年轻人"。社会的变化如此激荡复杂，这无疑加深了各年龄段之间的代沟。而在这个方面，现下"正值盛年"的人们也面临着同样的烦恼。

比如，自己的上司恪守着"长幼有序"的传统伦理观，而那些年少于自己的部下们，却完全不在乎这些礼数，举止随意。面对这样的观念上的差异，他们难免会心生不满，但也不得不保住眼下的职位，将工作进行到底，于是受困于其中的种种不易，也就可想而知。

在社会变化和竞争还不怎么激烈的过去，活跃于职场中的人们，一般都处在一个既定的规则或者说是框架内工作，只要勤勉，内心相对来说还是轻松的，而现今的职场状况远非如此简单，仅仅靠埋头苦干可行不通，自己的生活态度，自己与他人的关系等等都变成了有必要多加思考的问题。所以与其一味抱怨上司或者部下为什么对自己"不理解"，更应该细细思量：为什么会产生这类问题？当这类问题发生时该怎样处理？这些问题如果不依靠自己的能力去反复找寻答案的话，职场上再怎么兢兢业业也是徒劳无功的。

其实，当下"富裕社会"的形成，也是引起正值盛年的人们多种烦恼的原因之一。我们还是孩子的时候，是个物质非常匮乏的贫穷年代，孩子内心对物质的各种小小渴求，总是难以满足，时时品尝着得不到的心酸。于是，曾经有过这些经历的父母们，内心便存下了"只要孩子想要，我什么都买给他"的心愿。如今因为社会物质丰富了，这样的念想都有了实现的可能，父母们可以将自己小时候想都不敢想的东西，一股脑地送到孩子们手里了：我要给孩子准备单独的房间，我要在房间里配置上最上等的桌椅，我要带着孩子去外国旅行……

但当父母们沉浸在儿时心愿终于达成的快感中时，必须意识到的一点是,你们在为孩子们如此张罗奔忙,孩子们却并未感到心满意足。岂止是不满意,甚至家庭中会不断冒出各种各样的问题。可能父母们会大为困惑,不明白究竟自己做错了什么。坦率地说,就是父母们所熟知的是"贫穷社会里的生存方式",对现在的"富裕社会的生活方式"却知之甚少,他们习惯以贫穷社会的生活态度来处理富裕社会生活中的方方面面,如此一来,自然在不知不觉中撒下了不少失误的种子。

　　我身边就有这样一个例子。有位父亲想到自己小时候渴望看书却无力购买的遗憾,便给自己的孩子不断大量选购他认为的好书。但是孩子对这些书却兴味索然,即便他又是规劝训诫,又是苦口婆心地向孩子说教书本远比电视精彩,孩子始终无动于衷,好书也只能束之高阁。这事想来真是遗憾。显然,这位父亲没有意识到,孩子自发地发现自己感兴趣的书本,然后为想得到这本书而慢慢积攒起零用钱,最后终于买下这本书的乐趣,被他自以为是的行为剥夺了。

富足的社会自然优于贫穷的社会,能够让孩子们不断阅读到好书的社会更是值得称道和感恩。但是,究竟给孩子们什么样的书,或者是不给什么样的书,这当中的利弊,父母一定要反复权衡。在我看来,富裕社会中的亲子教育实际上远比处于贫穷年代时更为复杂多变。

这只是一个小例子,也许并不能说明什么,但由此可以引发的思考是,在富裕社会中迎来盛年,也同样是件步履维艰的事情。所以我们就很有必要对于其间产生的问题点,细细分析,察而后行。

第一章

盛年期的职场困惑

身心俱疲的"盛年"

说到"盛年",一般我们脑海中立刻浮现出的大约是哪个年龄段的人呢？大致上我们首先可能想到的,是 30 岁到 45 岁这个年龄段的人吧。当然,这与职业种类有关,像运动员和政治家自然就不能一概而论。

20 多岁的青年们,有着青年人的旺盛心气,但往往也有不顾一切的轻率鲁莽,欠缺与周围环境协调的适应性,这难免会让一番努力空抛。所以这个年龄段的人还不能够称为"盛年"。孔子说"三十而立"。确实,一个人真正能在工作上得心应手,各方面都成熟起来,大概是从 30 岁左右开始的。而到了将近 50 岁时,即便自己在精神上觉得和年轻人没什么不同,还是会逐渐意识到体力上的衰退。考虑到这个原因,"盛年期"一般是指 30 岁到 45 岁这个年龄段,我们主要讨论的就是这个年龄段的人们的心理。

根据 1979 年日本教育部发表的国民体能调查来看,国民体能每年都在递增中,但让我比较在意的是,这个调查显示年过三十的男性,在这两三年间体能居然出现了减退的倾向,而这又恰恰与这些"正值盛年"的人们的烦恼增长是成反比的。这不由得让我想到了日本经济高速增长后的骤然刹车,不知为何,感觉上似乎也是如出一辙。

记得曾经有一位三十出头的公司职员来找我咨询。他的烦恼是在某次会议中突然感到心悸难忍,冷汗直冒,"我是不是快要死了!"毫不夸张,当时的状态让他强烈感觉到自己就要倒下了。他如此突然的身体变化惊吓到了同事们,于是他们立即叫来了救护车送他去医院。但医院检查后的结果却让人意外,医生诊断他的身体没有任何异常。不过这让他悬着的心终于放下了,精神状态也完全恢复,又继续像个没事人一样开始工作了。可是好景不长,这之后他再次有了同样的"病态发作"——这个职员如此称呼自己的这种状态。这次他求助于不同的医生,这个医生很干脆地给了他一个诊断:心脏神经症,并且建议他做心理咨询。这也就是他来我这里的原因。

当我与这个职员交谈时,我听到他对公司经营方针的很多批评,从他滔滔不绝的叙述中,能够感受到他的这种批评其实更接近于指责或者说是强烈的不满。今时今日,这种动辄评判和批驳公司的现象,已经蔓延到整个社会。世人为了自己利益的最大化,对于罔顾他人甚至排斥他人的行为并不在意,在盲目追逐利益中忘记了最本真的东西,这样的情形越来越多地充斥在我们的周围。当然这类批判的势头如果从好的方面来看,我会联想到大学一二年级学生那种意气风发的样子。他们相信这世上的一切都无望且无用,而自己才是正义之师,有着勇往直前冲破一切桎梏的勇气。但这一般是大学生初生牛犊的状态,并不适合一个已经 30 岁的成年人。因为这关乎自己人生所担负的责任,所保持的独立性,生存并不可能仅仅像挥动一面所谓的正义大旗那般简单。

正处于盛年期的人们在某种意义上是肩负重任的。这是社会和家庭赋予他们的责任。担负这些责任，就意味着要同时背负起光明与阴暗这两个对立面。这时候，那些只看到阴暗的一面，然后武断地认定这个世界就是这个模样的人，会纠缠在人生皆苦的荒唐想法中，并因为背负这样的矛盾而痛苦不堪。

另一个让我感到意外的现象是，即使没有心脏神经症这样明确的诊断，诉说自己这里痛，那里不舒服的中年人却不在少数。这类人群，大多是对于自己所处的这个盛年期，也就是已经是个"成年人"的这个关卡还无法跨越，将青年期必须完成却未曾达标的课题拖延至今，并因着这样的成长滞后问题而内心疲惫不堪。或者也可以这样认为，一旦将"成年人"这个重任担上肩，青年期曾经有过的伤疤也就被再次揭开了。对于这样的人，重新反思过往，修补自己的弱点，不断强大内在，积极参与进成年人的成熟世界，是必须做的努力。

与不受欢迎者的关系

在职场中，总是有那么些人，言行举止惹人心生不快，让人怎么也喜欢不起来。比如当你来到一个新的工作场所，大家相互打了招呼，偏偏有人虽是初次见面，但就是会让你留下"这家伙怎么这么讨厌"的印象，在以后的接触中，也果然证实了这个印象，于是虽然表面上尽量以常态方式交往，但对这个人的所作所为，却还是左看右看不顺眼，甚至还会为此心生烦躁。这样的经历，我想可能谁都有过吧。

在日语中用"连虫子都不会喜欢"这么一句俗语来表达这种状态，这确实是很有意味的语言表达。它既不用第一人称"我"，也不用第二人称"你"，而是用"虫子"作为主语，让人玩味。也就是说，"虫子"既表达了讨厌的确定性，又在这种讨厌当中，微妙地透露出自己对这个人的不知所以，因而不愿用人称指代的感觉。那么在这个点上，如果不是放任不管这个不知所以，而是再进一步去思考其中缘由的人，可能就会反复思索，为什么自己对对方所做的任何事都喜欢不起来？究竟又是什么时候，对方特别让自己感到烦躁不耐呢？

三十几岁的公司职员 A 先生，在反复回顾和思考了自己和那个讨厌同事的相处问题后，意识到最让自己看不惯的是那个同事与处长说话的态度。"太让人恶心了，那副溜须拍马的嘴脸！"但当 A 先生坐在我面前，回想这个画面时，他突然又笑了出来，然后说出了一个他脑海中突然冒出的想法："那副样子说不定也是我的吧。"话虽如此，但周围人评判 A 先生在公司中的表现，却认为他不是个对上司阿谀奉承的人。之所以发出这声感慨，是因为他骤然意识到自己内心深处其实也同样存在着想要讨好上司的念头，并且直到现在还一直在与这个念头进行着拉锯战。

自从 A 先生意识到这一点后,那个同事的言行在他眼中就不再那么讨厌了,先前在上司面前曲意逢迎的那个形象也看不见了。如此一来,怎么也喜欢不起来的感觉就被消解于无形了。有一次,两人碰巧一起下班聚会,喝着酒聊开了,A 先生向对方坦白,自己最初认定他是个很讨厌的人,不料对方也坦承对 A 先生抱有同样的看法,两人为此不由得相视而笑,成见消融,心中从此释然。

怎么也喜欢不起来的人,往往是我们自己不曾意识到的内在阴影部分的扩展,它就如同镜子一般映出了我们自己的模样。所以,当我们一再仔细地观察对方,并以宽容的心态去看对方,就会有类似于 A 先生的体验,进而对自己的内在问题顿然有所发现或领悟。

同样,当我们遇到令人讨厌的上司时,苦闷或者烦恼也是谁都躲不开的。而这种时候,如果强行压抑自己的情绪,硬生生地去奉迎上司,往往徒劳无益。其实,像这种"怎么也喜欢不起来"的情感,基本上都是相互间触发的,那是怎么藏也藏不住的。所以遇到这样的状况,我认为最佳的策略是不要勉强自己靠近对方,而是稍稍留点距离,好好观察一番,深思一下,自己忽略了些什么,究竟是什么成了自己的盲点。

还有的时候,我们并不是怀着"怎么也喜欢不起来"的那种不明所以的讨厌,而是有明明白白的理由,让你切切实实地讨厌对方。这种时候,你可能会觉得,自己有明确的理由,对方又不改变,这事就是板上钉钉,无解呀!但即使在这种状况下,某些努力也会使事态发生有趣的变化。比如,当你说"我讨厌那个懒惰成性的家伙"的时候,你显然是认定对方就是个不堪一用的人,但人是如此复杂的生物,我们对人的看法怎么能够如此简单划一?那个看上去不用功不勤奋的人,也有可能会出人意料地是个思考周密严谨的人,又或者是个遇事冷静低调的人。人类社会中永远存在着对立的思考方式,我认为没有哪一方是绝对正确的。如果我们抱持这样的观点,我们就会意识到,在自己看来绝对是可憎的,又或者是绝对讨厌的人,其实不过是和自己有着不同观念的人,他们的生活方式也有可取的一面。

当然,说来容易,真正要从讨厌某个人转变为喜欢,确实是件大难事。因此,无须强求自己做无谓的努力,就像之前所说的那样,只是稍稍转换一下视角,在和你讨厌的人的相处中,可能就会有意想不到的有趣发现,舒心的事情自然也会随之而来,你的生活幸福感说不定也会由此提高不少。

人际交往的困境

在日本这个社会,"人际交往"这个词出现得非常频繁。丈夫对着等得辛苦的妻子说明晚归的理由,经常会说的就是这句话:"没办法,总是要有人际交往,总是要应酬的嘛……"而妻子听到丈夫的这句话,心中想的却是:"明明自己在找快活,还偏偏说什么应酬之类的话来搪塞。"不过事实上，如果被同事们视为"这家伙很无聊，不懂得交际应酬"的话，在职场中的人际关系确实就会出现种种不顺，工作中也会障碍重重，处处碰壁。

职场中的人际关系，往往不仅与这个机构中各人所起的作用相关联，还与各人的心绪情感联系紧密。而这两者之间平衡度的把控是有很大难度的。与欧美公司相比，后者更是在日本占相当大的比重。诚然，职场的人际关系如果只是根据这个人所起的作用来决定亲疏远近，那也太没有人情味了，是一件无趣至极的事。

A先生就是个很看重人情应酬的人。同事们一起喝酒聚会，他是一定会同行的那一个；休假日上司邀约去高尔夫球场，他也一定会欣欣然赶去。但是，为了搞好这些交际应酬，难免会有为难自己的时候。一伙人饮酒正酣，口无遮拦，说着不在场同事的闲言碎语，在这种场合自己很容易随着众人说些本不想说的话。回家后思量半天，觉得话说得过分，于是打电话想去解释，但还必须言辞不露痕迹，好照顾到那个说坏话的当事人的面子。这样绞尽脑汁地想要摆平四方，左右逢源，做人真是不容易啊。而更要紧的是，在这样的交际应酬上花费了太多的精力，对更为紧要的自己的职责就难免懈怠了。如此一来，A先生在公司内的评价免不了变得越来越低下，这迫使他不得不在人际应酬上下更大的功夫，花费更多的时间精力。处在这样恶性循环的反反复复中，他万般无奈却又无计可施。

让 A 先生感到难以承受打击，心境完全跌落谷底的那一刻，是有天晚上，他终于应酬结束，拖着疲惫的身体深夜回家，还是初中生的儿子看着他冷冷地嘲讽道："爸爸真不错啊，每天又是喝酒又是打麻将，尽做让自己快活的事了！"妻子站在一旁，也是一脸附和的表情。这让 A 先生感到心力交瘁。自己这么拼命地应酬打点，在公司里还是事事不顺，现在竟连家人也不理解他，言语中充满抱怨和指责，这让他一时间感到自己几乎没有了立足之地，心灰意懒的情绪袭上心头。

因为儿子的一句话而深受打击的 A 先生，开始反复思量自己为何要在人际交往上这般耗费精力，他终于意识到，最主要的原因是对自己缺乏自信。或者可以更进一步说，是他害怕被周围的人们抛弃。显然，A 先生的交际应酬并不是为了真正意义上的人际关系，而是害怕被人们冷落，孤零零地被丢在一边。想明白了这个问题，他决心专注于自己的职责，在工作上努力不输于他人。

而一旦对自己的工作有了自信，让他感到不可思议的是，那些必要的交际和不必要的交际的区别，就非常自然、明确地在他的眼前摆开了。不过，话虽如此，因为在日本，人们对"一起做"这件事的看重是超乎想象的，所以身在其中，要看清、看透这一点也确实是相当困难的。

A 先生虽然因为儿子的一句话幡然醒悟，抓住了转变的契机，但像他这种因为过于热衷职场上的种种应酬而忽略了家庭,导致家庭破裂的案例并不少见。职场和家庭之间的关系平衡,对处于盛年期的人而言,其重要性由此可见一斑。在各种人际交往中,我们可能更需要慎重地查点一番,检查哪些是能够发挥自己的特长,促进自己成长的,哪些又是在扼杀自己的个性的。如果在这样的人际交往中完全埋没了自己的能力和光彩,那无疑是件得不偿失的憾事。

与自卑感的相处之道

说到自卑感这个麻烦东西,真是让人无从下手。我们会由于一些微妙的原因感到非常愤懑,事过之后,却又为没控制好自己的情绪感到难堪自责。当你处于这样的状态中时,仔细思量,会觉察到自己之所以有这样的言行,归根结底还是自卑感在作祟。比如和同事闲聊时,对方谈到××同事的英语口语特别流畅,真是很了不起。这本是很随意的话题,却让你突然感到莫名烦躁起来,"不就是因为英语说得流利吗,这又不是什么了不起的事,这就成了大人物了!"冲口而出的气话,让好好的聊天只得尴尬收场。我想之所以会发生这类情形,绝大多数可能是因为这个人在英语口语上有自卑感。我这样说,可能有的人会反驳:"根本没有这回事。我虽然对自己的英语口语差感到自卑,但对口语流利的人我是很尊敬的呀,绝对不会这么得罪人。"不过这样的说法,又让人觉得这种所谓的尊敬是否过于盲目了。因为即使英语说得漂亮,但人的能力、品性各有不同,不能

仅仅凭着这点就认定对方值得尊敬。总之,自卑感的存在,
会让人因为失去了平静的心态,而造成判断失误。

　　形成自卑感的情形有两类,一类是通过努力可以克服
的,而另一类是无法克服的。就以英语口语能力这件事来
说,只要你扎扎实实地努力过了——虽然这确实很艰
辛——就一定能克服这个难关。但是,那些因为自己长得
矮而感到自惭形秽,或是因为父母的职业而抬不起头来的
人,就不是单单依靠努力就可以改变自卑感的。在这种情
况下我们究竟该怎么办呢? 有这样的疑问是当然的,毕竟
一个人天生矮个子再怎么努力也不可能长成高个。

　　但个头不高的 A 先生对此却是这样想的,"虽然我身材
矮小,但我不能让人因此小看我"。他认为历史上也有身材
矮小却很伟大的人物,这就是他的榜样。当他有了这样的
决心后,再遇到一些其他人可能会因此受挫甚至受伤的小
事时,他就不会斤斤计较,耿耿于怀,而是努力克服对于身
高的自卑所带来的敏感。正是在这种不断的自勉中,他得
到了周围人们的认可,大家都以相应的期待与尊重对待他。
而在这个过程中,不知不觉地,A 先生已经完全不在意自己
的身高这个曾经与生俱来的烦恼了。

　　对于自卑感产生的原因,我觉得与其牵肠挂肚,为此沮
丧苦闷,不如找出与自卑感相关的问题点,觉察由此衍生的
各种演变,然后看看自己对于这些难题能够采取什么解决
方式,这样的持续努力,虽然不是捷径,却是尽快克服自卑

感的一条正道。

不过,克服自卑感比我们以为的要困难得多。就是这位 A 先生,有一天在与某个同事交谈时,他竟然发现自己无意识中是站在高处与这个同事说着话的。这不由得让他不自在起来:"原来我还是这么在意自己的身高啊!"他一下子变得无精打采,对自己很是失望。因为一直以来自己的种种努力,让他本以为自己对身高这事已完全不放在心上了,有时候他对别人也是这样说的。正当 A 先生沮丧地思索着身高也许会使他一生都无法摆脱自卑感时,却突然意识到了另一件事,原来就是这个和他交谈的同事,最近很有工作热情,还积极地提出了一个新的方案,而反观自己,却沉迷于周围的赞扬,少了进取心,做事变得墨守成规。这个新的发现,让 A 先生完全振作了起来,他决定一心扑到工作上。就是这样的一念之转,又让他轻松甩走了那让人厌恶的自卑感。

深层的自卑感也许是难以彻底消除的。但是,当你去接纳、陪伴你的自卑感,并深深地去觉察它时,它爆发出的能量,就有可能成为你新一轮努力的动力,它可以让你关注到一些自己从不曾意识到的缺点,它有时还会发出警告,提醒你不要过于坚持,拼过了头……自卑感可以在各种事情中发挥它的作用。这就有点像一个不可捉摸的友人,在平常的交往中时时会让你感到为难,但在关键的时刻却能给你意想不到的忠告。而实际上,我们正是通过和这样结交困难的友人所建立的友情,慢慢学会如何去爱的。

太阳照不到的阴郁之地

K先生是个非常热心于工作的人。不仅如此,他还是个非常有能力的人,所以自从进入公司以来,一路顺畅,比他的同辈同事们更早地晋升为科长。但就在他意气风发准备大干一场的时候,却病倒了。他被诊断为结核病,医生对他说:"你这个年龄,得这样的病还真少见啊!"无可奈何,他只好休假养病,好不容易获得的科长职位也不得不转交到他人手中。

由于意料不到的疾病而骤然跌落,不得不走上一段不见阳光的阴郁小路,像K先生所遭受的这种挫折,我们每个人在人生中可能会不止一次体验到。特别是在日本这个国家,相对于个人的能力或个性,更为注重和考虑的是全体的平衡,因而很容易造成这种情况,让人感觉期望落空,心情阴郁,如走在一条看不到阳光的崎岖路上。也就是说,即便以个人的能力来考量,这个人可以胜任总部科长这个职位,但衡量年龄以及其他因素,在对整体关系进行综合考虑后,上司可能就会先安排他去分店就职。遇到这种情形的时候,这个人的处世心态就决定了这个人往后的人生道路。

像这样跌倒在人生的岔道上,并且感到之后再怎么努力也会一路下跌,无法回到原点的人,是我们这些心理治疗师时常会遇到的来访者。有的人就此一蹶不振,日日酗酒,成了个酒鬼；有的人沉溺于赛马、赛艇这类赌博，债台高筑。这世上堕落的道路也是不计其数。

倾听这些人的谈话，可以发现他们之所以如此，往往是曾经有过惨痛的经历。比如有人因为部下盗用公款的失察之责被下调；有人本来已确定要升职，因为旁人恶毒的中伤而断翼。听着他们的述说，我确实同情他们的遭遇，除了说不幸之外想不出其他表达了。但是，仔细想想，人生这条路，又怎么可能尽是充满阳光的康庄大道呢？谁都会有痛哭自己不幸的时候，而如何面对、接受这种不幸，是人生出现差别的转折点。

再回到 K 先生的话题上。K 先生被宣判病情而陷入悲观沮丧之中，与大好前程失之交臂让他遗憾不已。然而在他内心的某一个角落，竟然升腾起一种不可名状的奇特感受："终于可以轻松了！"这冒出的念头瞬间就消失了，他觉得心头依然像是压了一块重石。回到家里，他把自己生病的事告诉了妻子。妻子一直以来与他共同辛苦构筑两人的家庭生活，对 K 先生事业上获得的成绩，犹如是自己的事一般欢欣雀跃。他本以为听到这个消息，妻子一定会非常伤心难过，但再次让他觉得不可思议的是，在他说出来的那一刻，他感受到了妻子的悲伤，同时也感受到了妻子内心中那种"终于可以轻松了"的心情，他告诉了妻子这种奇特的感受后，妻子点头承认确实如此。

当 K 先生把这种感受告诉他的主治医生时，医生的回答是:"这真是一件很出人意料的事情,很多病人在得知自己得了结核病后,反而轻松了。"医生还笑着说道:"这可能是终于可以什么都不用在意,完全放心休息的缘故吧。"就这样一句话,让 K 先生豁然开朗,对事态有了新的解读。确实,在某种意义上,他很有必要慢慢将脚步停下,回首审视自己的生活状态和方式,这是上天给他的一个机会。

这件事之后,重回职场的 K 先生不再感到焦虑不安。这里的阳光确实不够明媚,但从这里看世界,与骄阳下看到的世界景致虽不同,却别有一番风情。他在基层工作,对人际交往中流淌着的亲切温暖的情感也比以往有了更深的体会。周围的人们如此评价病愈后的 K 先生:生了一场病,心胸却变得更开阔了。这样看来,K 先生再次回到阳光照耀的地方,只是时间的问题。而通过这次波折,我相信 K 先生即使重归岗位,也不会再如以往那样,自以为身居高位,便以目中无人的态度待人接物了。

香烟和美酒

B 先生是位勤勉的职场白领。他不光在工作上热情投入,个人生活上也没有什么可指摘之处。平时除了和同事交往时喝点小酒外,香烟根本不碰。因为在健康管理上的注重和细心,他工作以来很少因为生病而请假。这样自律的 B 先生,正当四十出头的壮年,职场上处于风生水起的最佳时期,却不料突然被宣告得了胃癌,很可能会撒手人寰。

面对迫近的死期,得知自己病症的 B 先生忍不住哀怨感叹:"为什么竟然是我得了癌症,而 C 那个家伙却还是那么活蹦乱跳的!"

让 B 先生感喟不已的这位 C 先生是他的同僚,虽然和他一样,在工作上很有干劲,干活麻利,但生活方式却与他像镜子的两面一样,截然相反:对香烟和美酒大是喜好,对各种玩乐也是来者不拒。C 先生生活毫无节制,却身体健朗,而一向勤勉克己的 B 先生,如今竟可能要早早离开人世。命运有时真是充满讽刺。

不过以这个例子说事,相信谁也不会真觉得多吸烟多喝酒就会长命百岁,毕竟科学研究已经清楚地表明,吸烟饮酒对身体有百害而无一利。当然话虽如此,但若说戒烟戒酒就一定能让人活得长久些,却也并不尽然,想来,这也正是人类寿命的不可捉摸之处吧。C 先生的个例,可能会让有些人反过来强调这一点,将自己吸烟饮酒这种行为合理化。他们会认为与其割舍自己的爱好试图活得更长久些,还不如在自己短暂的人生里尽其所能做想做的事来得更自在。

人生中存在着太多相对立的理论和观点,一件事必然具备阴阳两面,很多时候想要去判断其中的对错是非常困难的。在我看来,与其去判断哪一种想法才是正确的,倒不如去思考某种想法对你自己而言具备怎样的意义,这才是更有裨益的。

回到不幸早逝的 B 先生的例子,尽管公司的同僚们对于 B 先生那近乎严苛的自律和节制表示敬重,但与此同时,他们也承认哪怕只是和 B 先生处在同一个环境里,都会让他们不知不觉间变得不近人情起来,感受到一种紧绷和压力。B 先生的女性部下表示:"虽然我明白他是一位了不起的上司,但就是无法让人感到亲近。"究其缘由,很有可能是因为,对于 B 先生这个人而言,节制这个特性,已经超过了应有的限度,甚至覆盖了他这个人的其他特性。这种过度的节制不仅将他与周围的人们拉开了距离,而且,这种节制所造成的紧绷感已经到了影响他人情绪的强烈程度。

同样,那些认为只要能尽兴做自己想做的事,哪怕生命短暂也无妨的人,一旦他们的想法和行为超过那个应有底线的时候,他们的所作所为就变成了一种放纵。他们可能在喝着酒的同时,悔恨的情绪也在内心深处层层积压。像这样的情形,落在周围人们的眼中,人们只会怜惜他们不过是在勉强自己而已。

其实,不光是吸烟饮酒,类似的兴趣或嗜好,实在是千人千样,不可一概而论。

在现在的社会中,我们的职场越来越趋于标准化、统一化,人类社会的规则也逐渐增多,实际上大多数时候我们都无法随心所欲地生活。从这一点来说,类似于这样的兴趣嗜好,因为完全取决于个人的自由,所以起到了帮助我们通过这些行为来平衡和修复内在自我的作用。这些行为的作用也许让人感到出乎意料,但不容小觑。只是这类完全交付于本我的行为一旦失去控制,也存在着带来毁灭性后果的可能。把握住这样一个整体面貌,在此基础上,不局限于狭隘的、近视眼似的价值观,而是看清自己这样一个人所具备的不同于他人的个性,并以此作为自己生活方式的基准,再来思考究竟该将类似于吸烟饮酒这样的嗜好放在怎样一个位置上。我们是不是也有必要尝试这样一种思考方式呢?

夸奖与批评

我经常会被问到这样一个问题,从心理学的角度而言,以多夸奖多鼓励的方式来对待部下和以严格为准则多加管束批评,究竟哪个更有效果。之所以有此一问,是因为在职场中如何对待部下是个非常棘手的问题,鼓励和夸奖,会让有的人因此而洋洋得意,得寸进尺;严厉批评,又会让有的人陷入低落,丧失热情。这让主管们感到困惑,从而想借助心理学的知识来寻求解决方法。

在心理学者中有人为了解答这个疑问进行了实验。将实验的参与者分成了三组,并让这三组人从事相同的简单工作,在他们工作完成后,对于第一组实验者,不管他们工作结果如何都以夸奖的方式对待;对于第二组实验者,则是指责他们明明可以做得更好,为何不尽全力;对于第三组实验者,却是既不表扬也不批评。然后在实验的第二天,让三组人还是从事和第一天相似的简单工作,以此来检验他们的工作是否有进步。这时我们看到第二天的工作结果是,被批评的那组进步最明显,其次是被夸奖的那一组,而排名最后的是没有被评价的那一组。

然而有意思的是,随着实验的持续,被夸奖的那一组在不断进步,最终他们工作效率赶超了被批评的那一组。这说明,人被批评后,最初是会因受到刺激而奋发向上,但倘若一直承受这类批评的话,即使他们会有所进步,这种进步的提升速度也会变得很有限。而相较于前两组实验者,那组没有得到任何评价的实验者的进步是最不明显的。也就是说,比起不被评价这种不置可否的态度,实实在在地批评更能促发人们的工作动力。

不过,通过这个实验结果就认为夸奖一定会带来良好效应,是一个操之过急的结论。因为这个实验是针对简单的课题得出的结论,当课题的种类发生改变时,实验的结论也可能会发生微妙变化。而且,这个实验中,并没有一组人是同时体验了既有批评又有夸奖的过程。在我看来,对待员工或部下最正确的方式就是,"恰当的夸奖"和"恰当的批评"相辅相成。只是在实际情况当中,没有人知道究竟什么才是真正的"恰当",那么究竟该怎么做,就成了一个最大的难题。

我认为,对待部下无论是夸奖还是批评,最重要的是主管以自己的个性和特质来选取处理的方式。有些人对部下一味地拼命夸奖,然而依旧不受部下喜欢;而有些人,明明总是在批评他的部下,却还颇受部下的推崇。这种因人而异的情况还是很多见的。不过话虽如此,要以自己的个性来行事并不是件容易的事,所以对于"怎么做"这个问题,说得直截了当些,还是参照先前提到的实验结论,选择以夸奖为主的方式为好。

不过在此很关键的一点是,我们不论对事对人,都绝不是见什么都夸,这其实是种很不负责任的态度。被夸奖的一方,虽然最初可能会因为这些溢美之词而感到不胜欢喜,但逐渐就会怀疑这个人言论的真实性。所以要尽可能地去主动发现被夸者身上那些值得认可的闪光点,看到那些真正让你想要夸赞的行为。只有当你真心诚意地去鼓励,这样的鼓励才是有血有肉有分量的,也才会得到更好的效果。

对于我这个说法,有人可能会这样叹息:"我的部下实在是一无是处,看不到任何值得夸赞的行为,那我该怎么办呢!"在令人头痛的部下之中,确实有这样的人。与其他人比较,我们可能从他身上很难发现什么优点,但如果从他的言行中认真去寻找的话,可能也会意外地发现一些可圈可点之处。对待这类人,我们不能以他人的优秀为规范,而应以这个人本身的能力为标准,从中发现他的长处。

要成为一个好上司,对部下有足够的观察和了解,是我们需要努力做到的,而优秀的部下,不正是有了上司这样的努力才被培养出来的吗?所以,我们不要以为表扬总归是好的就随意表扬,而应该通过夸奖这个行动,去理解自己的部下,同时在这个过程中,让部下对你也有所了解。从夸奖这个行为中寻找到人与人之间的相互理解和沟通的途径,显然是更为重要的。

顾家男人

一个父亲如果忘记家庭,全身心地投入工作,孩子往往会出大问题。家庭中"父亲缺失"这个现象,在日本作为一个社会问题,最近引起了广泛关注。

在一流公司工作的年过四十的 K 先生,从孩子出生以来,就很勤快地参与家务。父亲与孩子亲密接触,对孩子的人生很重要——再强调这一观点的并不是 K 先生,而是他的夫人。在他的夫人看来,如果丈夫整日里热心于工作,在家庭中几乎看不到他的身影,这样即使是事业有成,孩子却因此出现问题,那么这一切就都是毫无意义的。

被同僚们戏称为"家庭服务生"的 K 先生,是个非常看重家庭的人。他在周日里经常开车带着一家人出行,孩子们暑假时他也会请假带家人远游。然而,K 先生对家庭的付出,让妻子和孩子们感到欢喜的同时,也让他们的要求不断升级,这让 K 先生逐渐感到力不从心。比如最初孩子们满足于公司提供的疗养院,但随着出游次数的增加,他们开始提出意见,表示更喜欢住酒店,食物稍微没有味道,他们也会开始抱怨。夫人无法容忍孩子们的得寸进尺,会用"看看别人家孩子,你们还有什么不满足的"说辞来教导儿女们,但收效甚微。

K先生夫妇对此心中很是困惑:放眼看周围别人的家庭,父亲忙忙碌碌的,即使是周日也大多不在家,一家人开车出门逛逛,几乎是种奢侈,但别人家的孩子们安于这样的现状,似乎没有半句抱怨,日子过得照样快活。为什么自家孩子却总是有一百个不满意呢?

而K先生家的孩子们,一旦从父母的口中听到"别人家怎样……"这类的话,就会情绪激动地反驳,用"别人家"的旅行明明更精彩更有趣这样的话来抗议。而且这并非孩子们的谎言。因为像这样的孩子们,可以想象他们会在同学之间互相攀比、炫耀,他们说出的正是他们的认知。只是听到孩子们这样的抗议,K先生夫妇一边觉得孩子们的想法很荒唐,一边又不想让孩子们在同学面前抬不起头,最终不得不屈从于孩子们的要求。

日子就在这样一次次妥协于孩子们的各种要求中过去。K先生的长子在初中三年级时,觉得家庭旅行实在无聊,便提出自己不参加了,但属于他的那部分旅行费用得交由他自行支配。K先生夫妇虽然对此感到难以接受,但最终还是同意了长子的要求。由于这件事,K先生在这次旅行中心事重重,完全没有了享受旅行乐趣的心情。没想到回到家后,他得知长子在他们外出期间,在家里呼朋唤友,甚至又是喝酒又是抽烟。此事让他怒火中烧,不由得狠狠打了儿子。接着夫妇两人还花了好长时间苦口婆心地训斥、教导儿子。但不料此事之后，长子就像变了一个人一样，性格乖张暴烈，开始反叛父母，行事也更加任性妄为。

一心一意照顾家庭的 K 先生的努力就此化为泡影。而那些并没有像 K 先生这样身体力行照顾家庭的父亲，却是儿女健康成长，让人羡慕。这究竟是怎么回事呢？答案是因为 K 先生的所为超过了他自己的所能。我们在为他人付出，做自己认为对的事情的时候，确实需要一些努力，甚至需要做出一些妥协。但是，凡事都有度，一旦过了头，我们的心就会逃离。K 先生在顾念家庭的同时，心思却飞到了工作上，飞到了和同事们爽快打高尔夫的球场上。孩子们周日里虽然看似是与父亲共度，但体验到的却是和"父亲缺失"一样的感受。无怪乎孩子们的要求会不断升级。因为虽然父亲就在他们身旁，但他们还是会隐隐感到缺了点什么。

长子的行为无疑是对父亲的一种抗议。这种时候，如果作为父亲的 K 先生，不是胡乱行使自己所谓威严父亲的权力，而是静下心来，耐心倾听儿子那无声的抗议，那么他的家庭同样会是令人艳羡的。而只有经过这样的尽心竭力，他才称得上是真正的顾家男人。所以应该这么说，亲人之间真正的陪伴所需要的心灵能量，远比周日的驾车兜风要多得多。

该不是得了癌症吧

G 先生是年过四十的公司职员，一直以来他身体健康，工作勤奋。突然有一天，他隐隐感觉自己的侧腹部有个硬块。"我该不是得了癌症吧!"这个念头一起，他开始变得坐立不安起来。食欲的降低，更加重了他得了癌症的怀疑，只是无论是对家人还是同事他都不知该如何开口表露自己的这份疑虑和恐慌。

而越是在这样的时候，癌症这个话题就越是频繁地从他人的谈话或者是新闻报道中跳出来。不可思议的是恰在此时，他的夫人竟然考虑到两人的老后生活，提出了要增加G 先生人寿保险额度的想法。于是 G 先生再也忍不住，把压在心里的担忧一股脑儿地告诉了妻子，他的妻子得知后，立即不顾他的反对，硬拉着他一起去了医院。

医生检查后，轻描淡写地笑着对他说："你这完全是杞人忧天，自寻烦恼啊!"而 G 先生对医生的诊断结果却是半信半疑，认为医生的话不过是为了安抚他。但在之后的日子里，他看见妻子完全放下了心的样子，这让他悬着的心也慢慢定了下来，食欲也逐渐恢复了，更神奇的是那个硬块也在不知不觉间消失了。

想必在读者之中，即使没有这么严重，有过相近似经验的一定不在少数。这类经验常常让我们事后想到时，不免要为自己当时的大惊小怪发笑，但那个时候是确确实实经历了一番纠结和折磨的。

为什么会有这样的事发生呢？

我们的人生有起有落，好事和坏事总是相伴而来。生的背面往往就是死，这正如任何事物都有阴阳两面。当你仗着自己年轻力壮，埋头奋进的时候，实际上也在消耗着你的能量，步步接近死亡；而有些老人即便身体逐渐衰弱，但他的灵魂却在生活的历练中不断升华。

处于盛年期的人们，往往会把这样的人生悖论置之脑后，以单一而片面的人生观来对待生活。这就让他们想着比谁都要更快，比谁都要更好，比谁都要更多……一味追逐着上升之路，但他们的内心深处，却隐隐意识到这条路也会随时下降。类似这样被潜意识隐藏的部分一旦突然浮出表面，这个人就会被急剧的不安所控制。在大多数的情况下，这种不安会与某个具体的恐惧对象联结，而最近很多人似乎就很容易将自己的不安与"癌症"联结在一起。

事实上这种不安的形式并不局限于癌症恐惧，比如，上司突然的调任，又或者孩子在考入大学后开始了住宿生活，诸如此类，都会成为触发他的不安的契机。有些人由于承受不住这急剧的不安，甚至无法正常上班。之所以出现这种情形，是因为急剧的变化、突然的别离等等，往往会激活我们平常不曾意识到的死亡问题。将这种不安与死亡关联起来，听上去似乎有些夸张，可能更贴切的说法应该是，人们在上升中对于下降的不安，在繁荣时对于衰败的担忧。

这就与古人告诫我们的"居安思危"是一个道理。

在人们自信满怀,主张并相信只要努力就没有什么做不成的事的同时,我认为人们也应该清楚地意识到人生的另一面,就是自己能力是有限的。这世上必然存在一些事,不是靠努力就能解决的,心怀谦逊和敬畏,是我们在人生中必须体验的情感。

话题回到这位 G 先生,在得知自己不是得了癌症后,他完全恢复了以往的精气神,有一次在和友人谈笑时,聊到了自己的这次"恐癌"经历,说着说着,他想起了自己大学临近毕业的时候,毫无理由地害怕自己等不到毕业就会死去,并因此而纠结烦恼的经历。青年期的尾声,曾经出现过的"死亡"这个重大的人生课题,在 G 先生的心中似乎已经消失得无影无踪,但在跨越中年这座人生山丘时,又以"恐癌"这样一种形式再现了。

人类的重大课题——并不仅限于死亡——都不是轻而易举就能够解决的事情。青年期留下的难题,很可能变换一种姿态在你度过 40 岁后出现在你的生活中。面对这些课题,我们人类正是在无数次地迎难而上中,磨炼出一种正向的心态,从而能够做好准备,走向衰老和死亡。

家庭禅修

最近人们对禅修的关注度在不断升温,参禅的西方人也增加了不少。为了培养精神力,很多企业还组织了干部研修活动。确实,被琐碎的日常生活紧追不放的人们,在幽静村庄的禅院中,哪怕只是单纯地打坐冥想,就已经具有深意了。但是,对于处于盛年期的人们来说,除非公司派遣他去研修,不然根本就没有这种坐禅的空闲,职场上的人们大多就是处于这样一种状况中。

在某家公司担任科长的 F 先生,他读初中的儿子突然有了拒绝上学的厌学障碍。成绩和品行都向来优秀的儿子,突然不知缘由地不去学校,这成了 F 先生夫妻莫大的烦恼。从班主任老师那里得到的反馈是:这是父母对孩子的过度保护造成的。自我反省后的夫妻两人若有所悟,觉得确如所言,于是严厉管教孩子,强制他去学校,却毫无效果。这番苦斗的结果是,F 先生无奈又去别处咨询求助,对方告诉他,他之前厉言强迫孩子去学校的行为是错误的,如果孩子说不想去学校,那么家长最应该做的是接受孩子的感受。

于是 F 先生夫妻改变态度,努力接受孩子的感受,但这样一来,夫妻两人犹如经历了地狱般的苦痛。儿子变得判若两人,态度比以前更为强硬,经常提出无理的要求,稍有听不进的话就发了疯似的暴怒。甚至说出了"你们为什么生出像我这样变态的孩子,你们真该为此感到羞愧,你们应该低头认错!"这样的话。当他们夫妻顺着儿子的心意,真的对他低头道歉时,儿子反而恼得暴跳如雷,斥责他们居然做出这么荒唐的蠢事,怒不可遏中还动手打了他们。

　　平日里与孩子相处究竟是该严格管束,还是忍耐顺从更好,F先生对此感到茫然无措,不知哪种应对才是妥当的。带着这些日积月累的困惑,他咨询了专业的心理咨询师。这位心理咨询师是个很有意思的人,对于他所说的困惑,既不评判这两者的优劣,也没有给到他任何怎么做会更好的建议,却让F先生明确感受到对方给了他们自己解决亲子关系问题的勇气。这以后,F先生夫妻在和这位心理咨询师保持着咨访关系的同时,也一直和自己的儿子继续着这场血与泪的战斗。不知从什么时候开始,他们仿佛看到了黎明前的曙光:儿子的态度开始慢慢改变了。不论我们之间发生过多少次的责骂和争斗,不管别人怎么说,我们都是割不断血脉的亲人。这样的情感在儿子的心中再次被唤醒了。

　　儿子去上学了,成绩也变好了。当F先生不再为儿子担心的时候,他对心理咨询师说,至今为止的所有痛苦对他都是有不平常的意义的。不过他也表示,如果遇到一个和他经受同样痛苦,深受折磨的人,他是无法给到什么指导方法的,因为这根本不是能教的东西。解决问题的方式,只有每个经受过痛苦的人自己才能够发现。

　　在多次接触到这样的案例后,我经常会有这样的想法,就是F先生的体验和禅修的体验有相似之处。比如说,禅师拿出禅杖给大家看,并问道:"这是什么?"回答"这是禅

杖"，会被老师呵斥，再回答"这不是禅杖"，还是会换来一声
呵斥："错!"

那么究竟是不是禅杖，光用头脑去想是想不出任何答
案的。这就如同 F 先生在对待孩子的时候，用头脑去思考
该严厉还是该温柔是得不到答案的。禅师作为问题提出
的，不是有关禅杖的，而是有关禅杖这个物体的存在，这个
存在才是问题的核心。

所谓存在究竟代表着什么？对于这个问题，只有当我
们将自己的全身心都放在自己的存在本身上，才能获得答
案。"为什么要把我生下来？"儿子提出的这个质问，实际上
是对于自身存在意义的疑问。亲子关系意味着什么？血脉
亲情从何而来？又向何处去？儿子是对这些根源性的问题
提出了质疑，尽管这些疑问都是出于他的无意识。

如何进取，如何成功……日常生活中，成年人的所有心
神都过于被这些欲望所占据，所以当孩子们从内心深处产
生有关根源性问题的疑惑时，不管成年人们愿意与否，他们
被拉进了禅的世界。而这个世界意味着一场修行，其中充
满着纠葛、牵绊和血泪，这就如同 F 先生所说的，要在其中
和孩子达成融合，不可能通过他人的指导获得方法。禅宗
里的公案也是只有靠自身的修炼才能领悟和参透的。我是
个对禅学所知甚少的人，之所以如此自以为是地说出这些
话，是因为在我的脑海中，那些对着父母大声喊叫的孩子们
的身影，时常会与禅师的形象重叠起来。

单身赴任

处于盛年期这个年龄段的人,最近因为工作调动,需要离开家庭,独自去外地甚至异国赴任的情况增多了,在日本我们称之为"单身赴任"。随着交通的便利,企业集团的经营范围的不断扩展,像这样的现代化运营模式,不可能不牵涉职工的家庭住宿、孩子的转校、家属与周围邻居的人际关系等问题,这么一来,从全盘考虑,单身赴任就是最佳选择了。

而在我的所见所闻中,大部分的孩子问题,直接或间接的原因与父亲的单身赴任有着密不可分的关系,所以我想就这个现象做个探讨。

单身赴任一般都是由于职位上得到了升迁,如果没有得到职务上的认可和提拔,谁都不想远离家庭和熟悉的环境。提升为科长,不得不独自去赴任的 T 先生,面对和家人的分离,想到种种困扰,有些忧心,同时他的内心某处却又情不自禁地涌出一种对于未知的期待感。因为对于已近中年的 T 先生而言,比起单身赴任的诸多不便,离开家庭所带来的解脱感似乎对他更有吸引力。

事实上,赴任之后的 T 先生确实感到心情舒畅。既可以从总公司那竞争激烈的同僚之战中解放出来,又可以逃离家庭中柴米油盐的日常琐碎,由于只需要在周末和妻子孩子相处,所以家庭的陪伴也能做得比以前专注周到。而妻子这方,对于没有丈夫在旁也感到轻松许多,生活得颇为自在。于是两年的单身赴任就这样安然度过了。

但当T先生结束赴任,回归家庭两年之后,读初中的长子开始拒绝上学,接着,他开始对父母有暴力行为。一直以来,T先生都认为自家长子是个没有任何不良习惯的好孩子,这种暴力举动让他震惊不已,而当他听到儿子所说的话后更是难以置信。因为儿子认为,问题是从T先生单身赴任后发生的。

自己的父亲去外地做着喜欢的事,自己的母亲也觉得这样一来更自在。而当自己在为初中考试的事情烦恼不堪的时候,谁也没把这当回事。家里无论发生什么事,孩子都被撇在一边,这让他感到自己对于父母而言无关紧要。

被儿子这么一说,T先生回顾过往,震惊地发现事实果真如此。但是,那个时候他自以为一切都很顺利,自己也是乐在其中。现在,单身赴任那段时间里不知不觉所背负下的对孩子们的欠债,T先生夫妻不得不付出相当的辛苦去偿还。

在这件事情上的失败案例还有其他类型的。比如认为单身赴任的丈夫会有诸多不便,或者是放任丈夫一个人在外内心实在不安,于是妻子将自己的注意力过度放在了丈夫这边,因而缺少了对孩子的关爱;又或者相反,丈夫不在身边,妻子对孩子的教育倾注了全部心血,心思完全在孩子身上，被忽略的丈夫一方，用棒球来打个比喻，就像成功完成了一次奇怪的"盗本垒"①一样。

F 先生在他单身赴任的时候，也觉得终于摆脱了啰唆的老婆的监督，可以放心大胆地喝酒，但实际上当他真的去赴任的时候，却发现失去了喝酒的兴致，哪怕喝酒的时候也觉得味道不如从前了。F 先生由此产生了一种感慨，"正因为过去有啰唆的老婆在身边管着，才忍不住更想喝，酒也觉得特别香"。

事后 F 先生与家人谈起这个话题，大家都不免觉得好笑，但就是在这样的谈笑中，F 先生和他的家人真正理解了家庭的意义，家人之间分离的意义。而也正因为这个契机，F 先生一家摆脱了单身赴任所带来的负面影响，建立起了更加紧密的家庭关系。

单身赴任这种状况，如果还是拿棒球来比喻的话，就好似我方的救援投手先敌方的跑垒员一步踏上了投手板，类似这样获得夺取投手板的机会确实让人兴奋不已，但如果打击手把心神全部集中在击球这件事上，那也很可能会被出其不意的盗垒击败。所以必须在面对打击手的同时，将部分注意力放在跑垒员的动向上。这样才能在危机来临时及时应对，摆脱困境，然后等待机会的再次到来。

---

① 棒球术语。指进攻方投球手的上垒方式之一。在此指这位丈夫因暂时摆脱妻子的管束而窃喜。

成年人的责任

当任职变动的公告发布的时候，E 先生难以抑制自己的失望和愤怒。他原本以为这次无论如何都该轮到他升任管理职务了，没想到这番期待竟还是落了空。

就 E 先生自身而言，并不觉得自己比同期的同事们更优秀，所以即使同期中的出类拔萃者很快就进入了管理层，他也从不曾为此感到过不快。这是因为他看到过太多曾经被称为"表现出众者"的先辈们，由于太过精明能干，反而引起周围同事的不满，最后因同事之间的摩擦不断，而逐渐失去了职场的立足之地。所以他觉得自己可以放慢脚步，期待下一次的升职机会，但让他怎么也想不到的是，长期忍耐的结果，竟然还是被搁置一边。

在像 E 先生所在的这种职员众多的公司中，如果显示出过于强烈的自我主张，过分强调存在感，那么不管他工作怎么努力不懈，都一定会招致失败。而协调好周围的人际关系，踏实地完成上司交代的工作，就可以规避"表现出众者"的那种高风险的工作方式，达到稳步上升的目的。所以在 E 先生看来，这个机会总会到来，而他只要在那个时候全力以赴即可。

E 先生如意规划的这个好似长跑运动员的职场晋升策略，却受到了重挫，他既没有得到预想的管理职务，也没有抓到什么机会。当看到那些比自己更早担任管理职位的人,或者是把握到好时机而活跃在职场的人,和自己两相比较在工作能力上并没有多大差别时,他认为在这个世界上什么都是靠运气,或者说,很多事情往往与各种人脉、资源相关,并不像自己表面上所看到的那样单纯。一旦陷入了这样的想法中,他就越来越感到厌烦起来。于是他鼓起勇气去找了大学时期的学长,现在担任公司人事处处长的同事,表露了自己的疑惑和不满。在他心底里,其实还混杂着对这个学长的几分埋怨情绪:既然当了人事处处长,怎么对自己的事情从不关照呢!

这位人事处处长对 E 先生能来找他面谈感到很欣慰,他在认真听了 E 先生的烦恼后,做了以下的说明,用简单的话来概括,就是 E 先生对于"成年人的责任"这种担当意识在职场上的重要性,还没有深刻领会。因此,E 先生还无法承担管理职务。

确实,在日本社会中,那种张扬自我个性的行为会引起周围人的议论和反感。明明自己一个人完全可以决定的时候,他依然要和别人商量后才感到心安理得;或者明明是依靠自己的能力做成的工作,他却还要谦逊地说这是大家的功劳……如此种种,虽然确实模糊了责任所在,但处长说,职场中真正需要的还是那些能够实实在在地担负起责任的人。

按照处长的说法,这个责任不是"承担创造开拓风险时的责任"而是能够"肩负起失败风险的责任",如果各个部门中没有这样的责任人，公司不可能有好的发展前景。当公司业绩蒸蒸日上的时候，没有必要强调谁是责任人，说一声"这是大家努力的结果"就可以。但是，某件事开始时必须把失败的可能性也考虑在内。而一旦失败，就要由自己来担负起这个责任，正是因为有这样意志明确、做事坚韧的人物在，整个集体才能正常顺利地运作下去。而一旦发生什么过失，或是事情进展不顺，就逃进日本式责任的模糊地带。又或者是在有高度失败可能性的事情上，把自己摆在一个不是中心人物的位置上，为自己留下退路。像这样只是在事情顺利的时候，才强调"我的工作能力毫不逊色于其他人"的人显然无法担当管理重任。处长重申了这一点。

最后，处长笑着提醒他，以后多加关注一下，每个部门都会部署一个能够勇于担负起失败责任的人物，如果你能够看透这一点，成为管理者就是指日可待的事情。处长的话让 E 先生大受启发，带着这份领悟，当他重新环视职场周围，发现正如处长所言，在各部门都很妥当地安排了这样一个"成熟的担当者"。我想，一旦理解了这条重要的职场理念，E 先生应该离自己的升职目标也不远了吧。

会议疲劳症

C 先生是位对工作充满热情，而且能力出众的人，他作为一流企业的中坚力量受到公司重用。对他来说，公司的工作具有挑战性，让他感受到了存在感和价值感，但有一件

事情让他非常厌烦,那就是开会。在他看来,很多会议都是
在浪费时间,毫无必要,即使一定要开会,也应该在短时间
内结束。

以 C 先生的理解来看,实在不是什么大不了的事情,有
人却在会上反复重申,这样糟蹋时间,会议主持人却不阻
止,面对这样的磨磨蹭蹭,他常会产生特别烦躁的情绪。他
常常想,如果自己来主持会议的话,就会让大家明白如何在
短时间内解决议题。但要达到这个地位,以他目前的资历
还要等待一段时间,所以也只能无奈地想想而已。

冗长的会议,不仅让人感到无趣,而且还让人感觉疲惫
不堪。C 先生平时即使有超出常人的工作量,也没有身心
俱疲的感觉,直到有一天的超长会议让他意识到自己的这
种疲惫是和会议有关。于是他想出了一个对策。以后再遇
到那些在自己看来不是那么重要,或是与自己关系不大的
议题时,不管谁在说话,他都是左耳进右耳出,思考其他的
事,设想自己的工作计划等等。既然脑子里没有积极思考
什么,就把会议的时间当作休息时间了。

这个对策看来挺不错,但即便这么做了,C 先生还是无
法消除会议疲劳。明明什么都没有做,却就是感到疲劳。

有一天,在一场对于 C 先生来说充满重要议题的会议
上,C 先生发言踊跃,积极参与。会议结束后,C 先生确实也
感到疲惫,但他意识到这种疲惫和之前的"会议疲劳感"完
全不同。简单来说,这世上的疲劳似乎有两种,一种可以用

"舒爽的疲劳感"来形容,就是用尽全力后的疲劳,而这种疲劳意外地让人心情舒畅,人从疲劳里恢复得也快。而那种不能尽情施展自己能力的疲劳,不得不保存实力的感觉,不仅会让人产生不快,而且这种感觉所带来的疲劳感不是一时就能消除的。我们知道,C 先生一直感觉到的会议疲劳具有类似后者的特征,而会议中积极表现所带来的疲劳感则属于前者。

人类真是种不可思议的生物。就以开会这件事来说,只要是去参加了会议,就不可能和这个会议没有关联。所以硬是和会议撇开关系,像 C 先生这样有意识地努力保持距离,其实恰恰说明他内心中还是在意这件事的,于是就在这种内在冲突中产生了微妙而又挥之不去的疲劳感。想告别不快的疲劳感,倒不如轻松地融入会议,不去刻意拒绝,随心而动就好。

理解了这一点后,C 先生改变了自己的态度,不论参加什么会议他都尝试着从内心去接纳。但是这种尝试也让他感到并不容易。因为,那些在 C 先生看来明明可以立刻得出结论的议题,却总是有人会提出反对意见,又或者总有人要高谈阔论些与议题无关的事情。针对这些现象,C 先生总是忍不住在心里提出质疑,而当会议将在他看来完全没必要的内容作为议题,展开讨论的时候,C 先生也会不由自主地思考为什么会议非得以这样的方式进行不可。

尽管有时候思来想去还是不明所以,但随着 C 先生思考的深入,他逐渐意识到,有些议题即使对于他个人来说并无意义,但对于维护公司整体的平衡稳健而言却有着出乎意料的重要性。此外,通过会议上人们的交锋和发言,C 先生也慢慢看出了人际关系当中原本不易察觉的纠葛和牵绊,而这种发现让他感到颇具参考价值,为他增添了不少职场经验。C 先生终于开始明白,一件事情哪怕看起来微不足道,也很可能和更多的人,以及更宏观的事物之间有着紧密的关联。一旦意识到这一点,开会所带来的疲劳感也缓和了许多。而转换了心态的 C 先生,也向着担任会议主持人的地位更近了一步。

妥协和协调

不论是在哪个行业工作,人际关系的协调性都至关重要。艺术家可以一个人独立完成作品,一般人——特别是在企业内工作的人——如果不协调好与他人的关系,就无法顺利工作。那些固执己见、自行其是的人,或者总觉得自己的能力和想法优于他人的人,在职场上被大家讨厌是理所当然的。

不过事情也并非全都如此。三十刚出头的 D 先生的职场协调性毋庸置疑,和谁一起工作都从未起过冲突。放在别人身上会遭到嫌弃的工作,他也会心甘情愿地去做,他就像万金油,放在哪里都好用。

这样的 D 先生真可以说是职场上的一个稀有存在,然而奇怪的是,领导却很少把重要的工作交给他。他的工作一直是辅助性的,默默无闻而认认真真,是大家公认的 D 先生的优点,但仅此而已。仔细想想,不免会觉得这对 D 先生似乎并不公允。

刚入职的 S 先生作为 D 先生的部下,就有这种想法。他同情 D 先生在公司的境遇,为他抱不平;无法理解 D 先生为什么从不坚持自己的主张,总是顺从别人的想法。

直到有一次 S 先生被邀请去 D 先生家,让他大感惊讶的是,在职场上慎重处理与周围人的关系,从不得罪任何人的 D 先生,在家中却是完全相反的模样。对于妻子和孩子所做的任何事情,D 先生都不时要出声指责,甚至呵斥。如此严厉苛责的态度,甚至连作为客人的 S 先生都看不过去,忍不住想从旁劝解几句。与职场上完全判若两人的 D 先生,让他感到费解。

于是当 S 先生被科长拉着去喝酒聊天时,他不由得向着这个前辈说起了自己心中的疑惑。D 先生一直很小心谨慎地处理与他人的关系,但总是得不到职场上应有的看重,他理解 D 先生心中积压的不满,但另一方面,D 先生在家中那挑剔的模样,也着实让他吃惊。

科长对于他的疑惑,用简单的一句话挑明了缘由——这就是人际交往中"协调"和"妥协"的差别。D 先生并非真正具有高效处理人际关系的协调能力,而是一个遇事立刻就会妥协的人,这样的处事方式虽然带来便利,但不会带来他人的尊重。协调与妥协的差别在于,协调的痛苦总是在决定做这件事之前,因为只有经历艰难的思想斗争,才能够有充足的心理准备去做成事情,而与之相对的是,妥协的痛苦则大多是在做完了这件事之后。由于 D 先生在职场上处事容易妥协,家庭就成了他发泄心中苦闷的地方。

看到 S 先生还是一脸不解的样子,科长便进一步说明道,所谓协调不仅是关注对方的存在和感受,自身的存在也不容忽视。当这两方面相互碰撞,真正有高度协调能力的人,会苦求其中的解决之道,这样解决问题的方式才是可取的,会使局面豁然开朗,有新的进展,双方的能力也都能得到充分的展现。而妥协则大多是轻易地抹杀了自己的存在,这种做法自然无法开拓一个崭新的局面。S 先生对这番话勉强认同了,但还是忍不住反驳道:"可是,在职场上的大多数情况,不就是要我们用这样的妥协抹杀自己的存在吗?"

科长对此的回应是,确实,协调和妥协不可能完全分割。为了生存,一定程度的妥协也是必要的,但我们更应该好好想想的是,"用什么样的形式,使得被抹杀的这个自我能够重获新生,或者说,让自己脱胎换骨"。妥协,是以自己的失败,早早宣告了这场比赛的输赢,而协调是向着未来,持久彻底地完成自己该做的事情。

无法承受的重任

最近,我得知了一个令人震惊的统计结果。关于 1980

年这一年间日本男性自杀者的统计表明,以十岁为一个年龄段,四十这个年龄段的自杀率是最高的。原本以为,与过去不同,在年轻人的自杀率相应减少的同时,老年自杀者会增加,因此这个结果令我吃惊。而三十这个年龄段的自杀者也占了相当大的比例,这说明处于盛年期这个年龄段,自杀者是最多的。

这个结果与之前的数据相比较,全体男性自杀者中三十与四十这两个年龄段的自杀者比例,1955 年为 19.2%,1979 年上半年的比例是 40.8%,这个差别显而易见。究竟是什么原因,使得这些正值盛年的男性的自杀率不断直线攀升呢?

S 先生,四十刚出头,作为一流企业的职员始终勤奋工作。他喜欢自己的工作,是个有强烈责任感的人,做起事来严谨细致,任何小事都不会敷衍马虎,这些突出的表现得到上司的认可,他很快就被提拔到了科长的职位上。家人们都为此感到开心,他自己也是踌躇满志,就任了新的职务。

但欢喜的时光很是短暂,S 先生突然就对自己的工作失去了兴趣,自信心也开始动摇。他认为自己难以胜任新的工作,总是在出错(他眼中的这些失误,在别人看来大多并不是什么大不了的问题),他对于自己眼前从事的工作越来越提不起兴致,对上班这件事也逐渐厌恶起来。他现在不想上班,不管找什么理由,只要能让自己在家休息就好。但是,看到家人自从他升任科长后为他欢喜的样子,他却无法说出口。于是每天出门上班，走向车站，他会不由自主地坐上与公司相反方向的电车，想要远走的心思蠢蠢欲动，挥之不去。

即使到了公司，他也总觉得大家都在谈论他的无能。若是公司女职员在一旁谈笑，他甚至疑心是在议论和笑话自己，这些念头让他耿耿于怀，痛苦不堪。实在无法忍受这种痛苦的 S 先生甚至想到了自杀。下班以后，在无意识中他竟然坐上了与回家方向相反的电车。不知为何，似乎心底有一个声音在催促着他，往海岸的方向走。途中，当他听到某个车站的名字时，竟情不自禁地下了车。他这才意识到，原来这里住着一位他非常尊敬的公司高层，他于是去拜访了这位领导。当然，在这位领导面前，他难以开口说出自己想死的念头，只是谈了自己觉得公司现在的工作很无趣，自己因而想要辞职的想法。

这位高层领导很认真地听了 S 先生的想法后，说了这样一番话：S 先生认真谨慎的个性是非常优秀的品质，但现在看来这样的个性很可能成了他前进途中的阻碍。因为遵从上司的指示，然后一一认真完成，这与自己身为科长指导手下进行工作，是两种完全不同的立场，背负的责任和压力也是完全不同的。

而且，最近的年轻人，比起和上司同心协力、共同背负起重任，他们更倾向于坚持自己的意愿，强调自己的主张。可见，当科长这件事，其实并不容易，而 S 先生却没有预想到这一点,只是对升职为科长这件事感到得意自满,和他的家人共同沉浸在这种飘飘然中,却没有看到这个职务承载的沉重分量。所以,现在的 S 先生,最好将自己的苦恼坦率地告诉家人,在这个节骨眼上,给自己一个置之死地而后生的机会,好好改变自己看待生活的态度。这位高层领导鼓励他说:"说不定,你现在可能正想着一死百了,但在我看来真正该做的是涅槃重生。"

对于这位领导如此了解自己目前的心境,能够一语道破玄机,S 先生感佩万分。这时候对方诚恳地告诉他,这是因为自己曾经也有过这样的经验,并且还建议道,现在针对抑郁症有非常有效的药物,如果觉得情绪实在难以控制时还是找精神科医生咨询一下为好。此后,S 先生因为这位领导非常有助益的建议,重新振作起精神,犹如脱胎换骨一般在工作中大显身手。

入职仪式

A 先生终于进入了自己向往的公司,他为此兴奋不已。每天上班都是干劲十足。公司的入职仪式结束后,短暂的实习期他同样勤奋努力,之后,他被配置到新的职场,在那里他依然是工作热情忘我。

尽自己所能去做自己能做的事,A 先生以这种工作态度对待手中的每一份工作。话虽如此,毕竟是自己不熟悉的业务,总难免有些磕磕绊绊。他从不忽略前辈们一言半语的指导,却依然难以避免差错,这让他很是懊恼,常常回家后也辗转反侧,不断反省检讨自己的问题。有个是他部下的女职员,因为之前就在这家公司工作,比 A 先生更熟悉公司情况,对 A 先生的过错,她偶尔会在旁窃笑,这让 A 先生内心不由得会涌起一种强烈的对抗意识,他觉得无法忍受被这样的女人笑话。

大概过了一个半月左右,A 先生早上起床时突发高烧,不得不休息。过度的高热让他自己又吃惊又担心,但医生诊断他是疲劳引发的高烧,没什么大不了的,确实,他休息了两天后就又可以正常工作了。

入职不久就病倒,这让 A 先生上班时心中不免有点忐忑不安。"这么快身体就康复了,真让人高兴啊!"那个女职员向他问候的话让他从内心感到愉悦,股长也安慰他道:"你是不是把自己绷得太紧了,以后做事可要放轻松些啊!"周围人们的这些话语,让 A 先生感到羞愧,他意识到自己以往过于专注自己的感受,其实周围的人们是以非常温暖的目光关注着自己的。这个出乎他意料的发现,让他一下子轻松了不少,做事也不再那么铆足了劲。而这样一来,他感到自己逐渐融入了公司集体,工作顺畅了不少,效率也随之提高了。

过了两三天,科长找 A 先生谈话,说:"到现在,你的入职仪式算是真正告一段落了。"看到 A 先生惊讶的表情,科长笑着跟他解释,结束学生生活进入社会,成为职场的一员,这是一件挺不容易的事,因为一个人要改变自己的身份和立场不是说来那么简单的。所以,即便入职仪式在形式上是 4 月 1 日这一天举办的,但每个人真正的"入职仪式"其实是根据这个人不同的实际情形而发生的。

像 A 先生这种类型的人,属于初入职场一心一意要努力工作的好员工,于是他绷紧神经,就像一个充足了气的气球。但他的热血姿态和职场气氛有些格格不入,与周围同事就有了疏离感,直到他病倒,松懈了这份紧张感,才算真正融入了集体之中。

这样看来,所谓"入职仪式",是根据每个人的实际情况而异的,有不同的时期和形态。比如,有一些人是和 A 先生完全相反的,可能他们初入公司时满心抗拒,但在之后的工作中因为某个契机而决心奋发工作。也有一些人,即便已经入职一年多了,却迟迟没有迎来自己实际意义上的"入职仪式"。再比如,有些人在入职一年左右,就心中充满了对公司的抱怨,恨不得立刻辞职,甚至面对自己的上司,也忍不住要口出怨言,然而,在他们这一通冲动的抱怨之后,他们的工作热情似乎反而被唤醒了,这促使他们决心在公司继续努力。

虽然在 A 先生的例子中,他的生病成了这个契机,让他完成了自己的"入职仪式",但在现实生活中,一个人想要在根本上改变自己的思维方式或者处世方式确实是一件非常困难的事。因此,想要获得这种改变的契机,就必然需要某种具有象征意义的戏剧性事件的发生。而那些忍不住在上司面前出言不逊的人,也一定是在经历了这样强烈的情感冲击之后,才得以改变自己的思维方式或处世方式。

变革所需的能量,通常会以一种负面的形式出现在人们的生活当中。例如,刚进入职场时的生病、工作上的大失误、与人的纠纷这一类负面情形的发生,很多情况下会像A先生的例子那样具有正面的意义,成为真正进入职场的契机。因此,上司应该及时注意到这一点,和自己的部下就这些情况多加交流沟通,帮助自己的下属意识到这些契机的意义,让他们以更有建设性的目光来看待这些负面的事情。

来自星星之国

一次,我在常去的小酒馆喝酒的时候,听到了身边看上去像是同一公司的上司和部下的一段对话,非常有意思,于是就记了下来。

部下:今天的会议真是太顺利了,一切都是按照处长所想的那样吧。

上司:哪里哪里,也不尽然啦。

部下:说实话,每次看到处长主持会议的样子,我都觉得很神乎其神。因为看处长在会议上的样子云淡风轻,很是随意,可是会议结束的时候,议题总能圆满收场。不光是开会,包括工作上的其他方面,我总觉得处长您工作的样子似乎都不是很投入呢!

上司:喂喂,什么混账话,我不投入怎么当处长啊!

部下:啊,我当然不是那个意思啦!只是很美慕处长的工作方式,觉得好像有种非同一般的秘诀,所以今天很想请您好好指教一下。

上司:秘诀这种东西我是没有的。只是,我可以这样说,虽然会议也好,公司也好,对我们都很重要,但从世界这个更为宏观的视角来看,确实是微不足道的。甚至说得更大些,其实我们的世界放在宇宙中,也只不过是一颗环绕着太阳运行的很小的行星,我们遇到的所有事,放在地球之中都是微乎其微的小事,或者就仅仅以地球为例,我们的存在也只不过是地球漫长历史中极其渺小的一部分。

部下:听处长这样一说,确实您平日里比起阅读经济或者经营方面的书,好像更多关注的是天文和神话之类没什么实用性的书呢。

上司:所以工作当中,我会试图用更高维度的目光来看待眼前的一切,就好似站在地球之外的星星之国,那么大家的闲言碎语,也就不会当回事了。当我用这种无所谓,或者说是无为的心态去做事的时候,事情往往会圆满达成。

部下:星星之国啊!原来如此,处长您这么一说,我好像能够理解处长的态度和工作风格了。

上司:这可是我的独门绝技哦!

部下：等等，我怎么还是觉得有些难以理解。如果什么都好什么都可以的话，那不是怎么决定都可以了，事情又怎么可能按照处长的意愿达成呢？这究竟又是怎么一回事？

上司：你注意到了一个很重要的点，这个点抓得很准啊！如果你不提出来，我本来就顺带过去不想多说了。能够站在星星之国这样的高度，当然是一个正确的视角。但另一方面，作为一个普通人，和同事之间工资哪怕相差一百日元，都会不愉快，身体一不舒服就会无心工作，这些也都是回避不了的事实。不过，人和人之间的关系看似如此纠缠，其实就像星星和星星之间的关系一样，距离遥远。而且就我们每个人而言，其实都具备和宇宙同等的重量。正所谓一即是全，全即是一。

部下：确实如此。

上司：就是因为这样，所以这两者的平衡就至关重要。我一直觉得我们人生来有两只眼睛这件事是有很大意义的。一只眼睛是以自己为中心来看待事物，另一只眼睛就需要用星星之国的高维度视角来看待事物。只要能够平衡这两种视角，善用它们，那么什么事都能够顺利达成。

部下：我明白了。但是，这种技能真是说起来容易，做起来难啊。

上司：没错，这可是需要经过反复的修炼才能够习得的技能啊。像你的话，虽然在工作上总是很投入，不过看待事物的视角还是太过狭窄了些，除了那些成功学或者工具类的书,阅读范围还应该更广阔些,别光顾着看什么《盛年期的心理学》这类书了。

部下:处长,您也别这么说,那本书还是可以看看的……

我正听得入神,对方的话题忽然转变,为免得尴尬,我连忙收起耳朵走开。不过两人的对话实在是有趣,所以就在此记录了。

所谓委托这件事

担任股长的 K 先生是一个工作非常勤奋的人,甚至可以说是一个非常热爱工作,全身心投入工作中的人。但如此勤勉的 K 先生,却并未受到部下的喜爱和欢迎。这是因为他从不把工作放手交托给部下,常常把部下的工作也"包办"了的缘故。

当然,本应由部下做的工作,K 先生也给做了,或者是,工作委托给了部下,K 先生也会插个手,说是让我来帮忙吧。这些行为,在部下眼中,实在是多管闲事,并不欢迎。而反观 K 先生,工作量增加,总是一副忙得不可开交的样子。

工作量加大了,自然要不断加班。又或者是,晚上回到家还要赶工作。如此拼命工作,却不被部下认同称赞,实在让人看不过去。于是,K 先生的朋友们忍不住好心劝告:

"你就把工作放心交给部下吧,这样你也会轻松很多!"但K先生依然故我。有时候,K先生对身边人的劝告直言反驳道:"我自己从来没想过要轻松,既然是在工作,当然就要拿出全部精力来啊。"

看着K先生的工作状态,有着同样担心的是曾经带过他的处长,于是特地下班后找他一起去喝酒,聊了许多这方面的事。这之后,虽然K先生的态度并没有立即改变,但朋友和周围同事们确实感到,他在一点点努力把工作放手交给部下。他的一位朋友领教过他的固执,忍耐不住惊讶就询问他,究竟处长和他聊了什么,让他能够转变心意。

根据K先生的叙述,处长是这样对他说的:"你是一个乐于为工作辛苦付出的人,不会为了自己轻松而敷衍工作。不过,把工作交给下属们去完成,这并不是为了轻松,只是承担类别不同的工作或者另一种形式的辛苦而已。"处长首先给了他很大的肯定,这非常打动K先生,所以他对处长之后的话语也觉得很有道理,内心欣然接受。

归纳处长的意见,应该是这样的情形。将工作委托给谁这件事,虽然可能在时间和劳力上会花费少些,感到轻松不少,但从为此所付出的心力上考虑,可能反而会比自己做这件事要消耗更多的精力。也就是说,这样做并没有变得轻松,只是改变了工作的性质。说得更直接些,就是当你把工作交托给部下时,同时也就把部下一旦工作失误必须承担的责任也背负起来了(处长本人就是如此说也如此做的,当他把工作交托给谁时,他会预想可能发生的最坏的事态,并尝试考虑自己是否能够处理应对)。

　　将某个工作项目交给部下,但部下工作能力的欠缺,效率的迟缓,会让你感到还不如自己来做更轻松。又或者是,部下出色地完成了这个工作项目,这时你必须要表示赞赏,但这样的赞赏,往往会让部下以为这完全是凭自己一己之力获得的成果,而洋洋得意;还有的部下则可能到处逢人就说:"这次看股长这么得意,其实里面很多事都是我在撑着呢。"那么遇到这类情况又该怎么处理呢?

　　考虑到这些烦琐的事情,比起自己亲自上阵,事情交托给部下的工作量显然是增加了。而且,工作交给了部下,因为确实省出了相应的时间和劳力,所以就必须用这部分时间和劳力去发现寻找新的工作。有可能因此要开发出一条未知的新路,但这也是相当不容易的事。

　　这样想来,自己习惯的工作不委托给别人而是自己来做的人,可以说是用承受小辛苦的作为来回避大辛苦。而只有将小辛苦变成大辛苦,将眼睛看得见的辛苦变成看不见的辛苦,只有在这样反反复复的努力中,一个人的格局才会真正开阔起来。

病者长寿

　　H先生作为一个非常有工作能力的科长,得到了周围同事的高度评价。工作中,他发挥出准确的判断力和缜密的思考力,因而受到很多人的信赖和尊敬。但就是如此优秀的 H 先生,居然也有弱点。原来,他是职业棒球 T 球队的狂热粉丝,常常为了棒球的输赢忽悲忽喜,情绪失控。遇到有关 T 球队的任何事情,他的理智似乎就会急剧降低。

比如,部下工作中出了差错,本以为会被 H 先生严厉斥责,但如果恰好是 T 队转败为胜的第二天,那么就会被 H 先生当作没看见一般意外获得通过;相反,如果第二天恰遇 T 球队惨败,那么部下写的提案就会遭到雷霆般的批驳。因此,H 先生的下属们都将此戏称为"H 科长的 T 病",大家经常在背后议论:"H 科长的 T 病可真是让人头痛啊!"

当然,下属们也都有了应对的心得,T 球队得胜的第二天,大家都会向 H 科长请教各种事务,寻求各种帮助,失败的项目也选在这一天报告;若遇到 T 球队输了比赛,大家都退避三舍,尽量远离科长。

有一次,H 科长的部下 K 先生准备了一份很重要的提案,正想呈交的前一天,却得知 T 球队输了球,沮丧不已。对于这份自己费了很大功夫写的提案,K 先生虽然很有自信,但觉得还是免不了会被心情糟糕的科长骂几句。他埋怨着在这么重要的时候竟然输球的 T 球队,但手上工作却一天也拖延不了,于是硬着头皮去科长办公室提交了报告。H 科长用严厉的目光审读完报告后,与 K 先生的预期相反,科长突然微笑了起来,竟然还当面表扬了他:"报告写得很不错嘛。"面对一脸讶异的 K 先生,H 科长说道:"你看,我的

T病是个很方便有用的病吧,可以在这种不需要的时候就收起来。"

K先生有了这次经验后,对科长的T病留心观察,发现这是个很有意思的现象。原来H科长很聪明地利用了这个T病,有时候,他将自己过于严厉的判断,借着这个T病做了适当的缓和;有时候,他又是借着这个时机在对部下的斥责中发泄自己的情绪。但与之相对的是,他也确实符合"T病"所具备的特征,经常毫无缘由地大喜大悲,而实际上,这两种情况并不能被简单地区分开来。就这点而言,T病对于无法完全掌控自己情绪的H先生确实造成了许多负面影响,似乎令他的形象受损。

但是从一个更全面的角度来看,由于H先生是一个过度敏锐、具备精准判断力的人,他在生活中所展现出的态度总显得太过冷静,以至于令人感到冷酷无情,而T病似乎起到了一个调节和平衡的作用,使得H先生产生了恰当的人情味,让人易于接近了。

俗话说"病者长寿",这句话的意思是,相对于那些本来身体很强健,便不把健康当一回事,做出一些超出自己身体承受范围的事,因而过早亡故的人,那些因长年得病便很小心保养自己身体的人,反而会长寿。因为这时候,病情其实时而起着一种警报器的作用,时而又起着安全阀的作用。

这种情况同样适用于我们的心理健康。心性过于坚定强健的人,反而可能会引发更多危险。因为他们遇事不擅于曲折迂回，不懂得在意或关照能力弱的人，所以常常不招人待见，其结果是在刺伤他人的同时，也深深地伤害了自己。为了不出现类似这种"致命伤"，就出现了像"H科长的T病"这样的安全阀。而在更常见的情况下，我们称为"兴趣"的东西是替代这种"一病"的安全阀。比如高尔夫、麻将等等的兴趣爱好，就存在于疾病和健康之间，起着调整个人健康的平衡作用。不过大家应该也很明白，类似这样的"一病"如果一旦成为重症，长寿的法宝就变成了夺命的杀手铜。

就如同对待我们身体上的疾病一样，我们也应该考虑用平和且适当的心态跟心灵的疾病共存。过度执着于消灭病症，在这样的胶着战况中，反而容易让自己和他人都承受更多的挣扎和痛苦。

第二章

盛年期的亲子牵绊

问题究竟出在哪里

家庭关系的处理难度

看最近的新闻报道，家庭纠纷导致的各种事件层出不穷，几乎可以说每一天都在发生。这些事件中有的竟然是发生在父母与孩子之间、兄弟姐妹之间的杀人惨案，让人禁不住要发出"为什么会这样呢?"的疑问。在这类案件当中，发生于昭和五十五(1980)年 11 月末的川崎市预科生杀害双亲的案件尤其令我感到冲击巨大。在这起案件里，20 岁的预科生在未经父亲允许的情况下，擅自使用了父亲的信用卡，从中提取了一万日元，在被父母亲叱责的当晚，竟然用金属球棒将双亲残杀。这起事件令许多人感到无比震惊，因为案件当中的这对双亲都受过高等教育，父亲更是一家一流公司的分店长，让全家人能够住在高级住宅区的成功人士，这样一个生活无忧、和睦相处的家庭竟然发生这种事情，让人实在无法把这当成和自己无关的事情来看待——而事实上，在后续的追踪报道中可以看出这个家庭并不像表面显示的那么和谐美满。

在这起事件被报道之后，发生了许多孩子向着父母用威胁的口气凶巴巴地大喊"你想被球棒打吗!"的恶性事件，这些孩子向父母挥舞球棒，虽然没有到致死的程度，但一样令人为之心寒。因为我接触过许多有关亲子问题的来访者,听闻过不少类似的案例,让我感到震惊的是,一个事件的巨大影响力所引发的连锁反应。

对于究竟该如何看待这个事件本身,我不予置评。因为我深知,像这样发展到引发命案的家庭关系,与人的内在问题有关,不进行特别深入细致的调查,是根本无法知晓真实原因的,不可主观臆断。仅凭新闻报道的内容是无法弄清楚事件原委的,还有太多太多被隐藏的部分无法得知。像这样一类事件,一般的民众难以将它作为特殊事件来对待,他们会强烈感觉到自己的家庭中也存在着这可怕的萌芽,于是被不安笼罩,惶惶不可终日。正巧,我在这个事件之前不久,刚刚在讲谈社出版了一本名为《反思家庭问题》的书,所以不仅是媒体人士,许多普通家庭的朋友,都会将这个事件和自己家庭的情形联想到一起,迫切要求我能够就此发表些意见和看法,这也使我认识到,现在的日本家庭很有必要以这个事件为契机,再次反思家庭关系的重要性。

这个事件之后,我常听到的评论大多是这样的:只不过责骂了孩子一次,就被孩子用球棒打死,这让全天下的父母以后还怎么敢随便管教孩子。但最近对此也出现了另外的议论,认为现在的父亲都过于软弱了,父权的丧失已经成为社会问题。为这个武断结论而忧虑的人们,主张重新迎接过去的"顽固老爸",期待这种强硬父权的复活。但即便是以强势的父亲姿态与孩子打交道,还是有可能遭到这样任谁都难以接受的报复。既然如此,那么在对待孩子的问题上,父亲究竟怎样做才是正确的呢? 这样的困惑犹如阴云般笼罩在我们的家庭关系中。

　　最近在我周围,经常有因为家庭问题来面谈的访客,他们有的与我同在一所大学执教,有的和我一样从事咨询工作。所谓"家丑不可外扬",同事之间暴露自己的家庭问题,谁都会有抗拒,但我想,大家抱着处理好家庭关系这个更为强烈的愿望,还是忍不住过来聊聊了吧。其中,有十分率直地倾诉自己苦恼的人,有夫妇共同来访的,他们毫无隐瞒地讲述自己与孩子交流接触的态度和方式,希望我能对欠缺的部分提出建议。可怜天下父母心,我由衷地被如此诚恳的态度和对孩子深厚的情感所打动,至于"该如何做",可真不是三言两语就能说清楚的!

即使是"好家庭"也会有问题发生

　　"您觉得我们在对待孩子的问题上有哪些缺失呢? 请您给我们些建议吧!"向我提出这个请求的夫妇,他们认为孩子之所以变坏是父母的责任,也就是说,自己作为父母肯定是有"不好"的部分,这个认知始终隐藏在他们的思维背后,影响着他们。但是,孩子的不良是父母的不良造成的,这样的思维模式,实在是太过单纯了,我认为这对于我们深入探讨现在家庭出现的问题并不是有效的。但这样的想法,甚至在媒体人中间也同样根深蒂固地残留着。就以川崎的这起杀人事件来说,最初是以偷盗杀人事件向大众报道的,那时,出现在大多数新闻中的描述,让大众看到的是一个良好的家庭关系——夫妻和睦、父子亲密。而当我们一旦得知是儿子杀害了父母的时候,他们夫妻关系也并不如想象的和睦,父亲对于儿子似乎给予了过高的期待等等负面报道便在媒体的深度挖掘下一一浮出水面。

但是,显然真相远非如此简单。尽管上述这些都是导致事件的原因,但也只是其中的一部分而已。事件中的这个家庭,孩子本人直到高中的时候,一直是大家眼中的"好孩子",夫妇的关系也并不是那么糟糕,这些都是事实。但就是在这样一个家庭之中,家庭关系不知从何时开始产生了深深的裂痕。

"好家庭"也会在不知不觉间出现隔阂,这种情况实际上并不是什么稀奇事,甚至可以说任何一个家庭都必然会出现各种嫌隙和纠葛。因此问题的关键在于是否能够及早察觉隔阂所在,并努力处理。

举一个例子。A先生自己是一流企业的科长,家中一双儿女,儿子读高中,女儿读初中,是世人眼中认可的典型"好家庭"。看起来什么都是顺风顺水,但令人吃惊的是,有一天,高中二年级的儿子突然离家出走了。夫妻两人慌忙和亲戚、朋友联系,四处寻找,并向警察局报了案。不料第二天,儿子突然回家了,带着一脸不好意思的表情。细问之下,儿子说他就像每天出门一样,只是随意地坐上了火车,去了个远远的地方,然后在车站过了一夜就回家了,并没什么好担心的。夫妻两人，最初是大大松了一口气，为儿子安全回来感到安慰不已，但接着却怒气上涌起来：究竟有什么大不了的不满，竟然要做出离家出走这种出格事！

两人越想越是生气。于是Ａ先生召集大家开起了家庭会议。美其名曰共同讨论，但Ａ先生对儿子劈头盖脸一通说教，大意是虽然高二有考试等各种压力，但你不能够被这些压力击败。家庭会议最终就演变成了"说教会议"。儿子一直沉默地听着，父亲说到考试时，他小声反驳："我从没觉得考试学习有压力呀。"这句话却突然让Ａ先生怒气爆发，喋喋不休地数落起来：考试既然不辛苦，那你在我们这个样样都满足你的家庭里究竟有什么不满！你和其他家庭比比，你看看你是多么幸福！你有自己的房间，给你吃用都是最好的，穿的都是你妈给你买的名牌……面对Ａ先生滔滔不绝的训斥，无论这是宠爱也好管束也罢，都让儿子感到自己一无是处，儿子忍不住打断道："那又怎么样！"这时，想要离开这个家的言语，终于脱口而出了。

正当Ａ先生夫妻被儿子的话震惊到失语时，他们的女儿又雪上加霜地补了一句："我也觉得妈妈把哥哥当个宝似的护着，对爸爸有时却不怎么上心呢。"这句话更是猛击心头，让夫妻俩无言以对。

他们平素视女儿为不懂事的孩子，想不到她却能用如此"成熟的眼光"将自己的父母作为一对夫妻观察着，这给了他们异样的感受。Ａ先生觉得女儿的话表达了自己的心情。妻子确实光顾着儿子,很多时候会忽略 A 先生的存在。当妻子购买儿子喜欢的衣服,两个人喜笑颜开的时候,A 先生会在心里忍不住嘀咕,这么乱花钱也不想想这些钱都是谁努力挣来的。

对于女儿的话,妻子却反驳道,自己会这样做的根源是 A 先生的态度恶劣。每次精心准备了晚餐,等待丈夫归来,对方却突然来电话说要在外面吃了饭才回来。用餐的时候想和丈夫说说话,对方却总是在看报纸,一副无心交谈的样子。而对于妻子的抱怨,A 先生也有不少想反驳的话。正当夫妻俩要开始争吵时,他们的女儿又说了一句决定性的话。"爸爸和妈妈,你们对自己是夫妻这件事,究竟是怎么想的呢?"

家庭自然态受损

在对孩子的说教中感到自我满足的 A 先生,却因为尚是初中生的女儿的出言反击,一下子变得毫无招架之力。"夫妻究竟是什么?"这无疑是个很深刻的问题,因为这个问题必然是和"家庭究竟是什么?"相关联的。通过 A 先生家庭这个窗口,我想我们可以尝试思考现代家庭所应有的状态。母亲疼爱自己的儿子是理所当然的事情,这样的母子情感在过去和现在都没有任何不同。但是,上一代的母亲们,因为儿女众多,夫妻也要为了生存不停劳作,这就好似给澎湃的母爱装上了一个"自动制动装置",起恰当的开关作用。而今时今日，随着经济的急速增长，进入现代社会的母亲们完全可以根据自己的喜好为孩子做各种想做的事。但适得其反的是，像这样的母爱泛滥，是一种"异乎寻常"的过度表现，实际上，对孩子而言更是一种重负。于是，就有了像 A 先生的儿子这样，内心深处萌生了要从这样的束缚中逃脱的渴望。

　　这件事换个角度，我们可以站在作为父亲的 A 先生的立场思考一下。在日本经济如此急剧增长的背后，"工作繁重""过劳"这些来自国外的批评声音也是不可回避的事实。所以，想来 A 先生对所在的公司，作为员工他如果没有表现出"异乎寻常"的忠诚心，是不可能走到今天的。当然，A 先生的努力得到了应得的回报，也正因为有了优厚的报酬，这个家才有了房子有了车……有了这些看起来让人羡慕的资本。但为此，生活中的"父亲"这个身份所应得到的那份尊重，A 先生却不得不牺牲了。说得直白些，就是 A 先生因为工作繁忙，和家庭接触的时间实在太少了，而 A 先生为工作所付出的那么多心血和努力，孩子们却没法看到。这样的状况，若是放在过去的普通家庭中，父亲在怎样的环境中辛苦劳作，父亲作为家庭支柱如何支撑着一家的生活，孩子们是完全能够切身感受到的。

　　如此想来，现代社会虽然变得愈加便捷，物质生活也愈加丰富，但取而代之的是，家庭内部的自然态遭到了破坏，各种问题也在与日俱增。

不仅是成人，在孩子们的世界里，这种自然态也在被摧毁着。就像川崎事件中的那个儿子，曾经是世人眼中的"好孩子"形象，而这种人为的好孩子形象，在现今社会，是非常容易制造出来的。

人们为了活下去，有些时候无论如何不得不背负某些恶，这样的状况，现在的孩子们实在经历得太少了。在一个人的成长过程中，必须有和年龄相称的经历坏事情的体验。孩子们正是在同龄人的圈子中，在各种酸甜苦辣的体验中逐渐长大的。以前的男孩子们，一个个都是淘气不拘，孩子就像孩子的样子，会搞让大人头痛的恶作剧，也会认错反省，他们是在各种烦恼中长大的。但现在的孩子们，因为父母们的过度关注和宠溺，加之，从小就被要求没完没了地学习，他们不再像过去那样可以体验和经历一些适合孩子们的坏事。

另外，如果是在过去的话，房间里有被炉①或者地炉这些可以生火取暖的地方，一家人会很自然地围坐在一起说笑聊天，家人之间其乐融融的和暖氛围就这样蔓延开来。而如今，家家户户都有空调设备，有的家庭甚至每人还有专属的电视机，如此一来，家庭成员都分散在各自的房间里，家人聚在一起的机会自然是少之又少。这样想来，我们基

---

① 被炉，日本传统的取暖家具。这是一种摆放在榻榻米上的矮桌，用四角棉被铺盖，人们围坐在桌子四周，双脚可以完全放在棉被中，温暖惬意。

本可以理解,现代家庭内的分崩离析已经发展到了一个怎样的程度。这种情况,说是日本全国性的问题也并非危言耸听。所以即使在"模范家庭"中——这个所谓的"模范"大多不是自然形成的——还是不可避免地会出现类似于 A 先生家那样的问题。

修复的努力

虽然家庭自然态受损是件很让人困扰的事情,但我们不能因此就断言什么都是过去比现在好。一个必须承认的事实是,我们谁都不能重返过去。因此比起怀念过去,我们更应该重新思考的是,如何在不失去近代以来科学发展所带来的便利的情况下,尝试与自然和谐共存。新的家庭关系同样需要这样的再思考。

时至今日,再说什么以前繁盛的大家族如何好,又或是,比起做个大公司职员来更向往做农民这类的话,可谓是毫无益处,因为日本再无可能回到昔日大家族制的农业社会。况且,现在的家庭关系与过去的大家族比较起来,也不乏多种优势。所以,也许我们更应关注的是,如何善用这些优势,去努力挽回或者修复那些我们在如今的家庭关系中失去了的东西。

回到 A 先生家庭的话题。夫妻两人因为女儿这句"爸爸和妈妈,你们对自己是夫妻这件事,究竟是怎么想的?"内心受到了极大冲击。我由于从事心理治疗这个职业,经常有机会和高中生或是初中生深入交流。我发现进入初中后的女孩子，会以相当客观的眼光将自己的父母作为一对夫妻来看待，在对夫妻两人生活方式的观察中，获得她们对于夫妻相处之道的认知。A 先生夫妻因为女儿的这句话，开始重新审视自己的生活。无论是住房的建造，还是孩子们的培养教育，两个人为达成这些目标齐心协力，使这个家有了现在的模样。只是，虽然两个人是并肩合力，相互却并没有面对面地好好交流过各自的想法，自己的感受。因为缺乏心与心的深度沟通，妻子把自己所有的关注倾向了孩子，而 A 先生则把自己的心力转向了职场以及与之相关的人际关系之中，深深埋头于此，无法脱身。

A 先生夫妻因着这次反省的契机，开始努力修复两人的关系。想不到他们在改变了自己的生活方式之后，和两个孩子的交流也变得顺畅了很多，比如"你不是说讨厌我们娇惯你吗？那你还撒什么娇!"这样以往不会说的话，也会脱口而出了。夫妻之间，亲子之间直言相向，坦率沟通，虽然这样的沟通中偶尔也会出现争吵似的言语，但有了这一次次的交流后，A 先生一家的氛围变得比以往更加自由、愉悦了。

家庭以外的人际关系，通常是在以目的为主的情况下运作起来会更为顺畅。这就像购物，你掏钱，对方致谢，然后你顺利地拥有自己想要的物品。但也有相反的情况，当你想要维持顺畅的人际关系时，你就必须付出相当的忍耐。

比如上司命令你的时候,即使心中不悦还是要笑着去应对。

　　以上不管哪一种,我们都不可能把自己的内外全方位地展示给他人,而是会根据不同的状况以最为合适的形象、状态与他人交往。家庭在这点上却不同,家人互相都是全方位接触,家是你作为一个完整的人被全盘接受的地方。不过,既然是作为"完整的人",就必然会有不可逃避的"坏"的那部分。就像 A 先生一家的例子中所表现的那样,家人之间,必然有些时候会说出不中听的话让对方厌烦,或者是被对方刺痛。而这种时候,只有把自己完全豁出去,袒露自己,放下自己,互相才能达成真正的接纳和包容。

　　虽然不能一概而论地说现代家庭都在变得失去自然性,但在丰厚物质的支撑下,家庭成员之间互相保持一个"好关系"确实比过去变得容易了。不过为恢复全方位接触的努力,会动摇这种看似不错的生活状态,于是出现像 A 先生的儿子那样离家出走的问题。其实这对一个家庭的成长是非常必要的,所以并不能简单地认定这是一件坏事。川崎事件中那个预科生,实际上,在他还是一个"好孩子"的高中时期也曾经离家出走过。说不定,正是因为这个尝试修复的举动在那个时候没有得到被家庭接纳的机会,才爆发了之后那起令人沉痛不已的事件。

思春期和思秋期

　　A 先生一家的例子,可能会让有些人觉得这是 A 先生夫妻的生活态度造成的问题。但我们也可以换个立场思考，从另一方面来说，人正是不断通过"问题"得以成长的，每个成长的阶段中产生的各种问题，可以说都是人生的必经之路。比如，思春期是我们人生中非常容易产生烦恼的时期，这个时期产生的很小的问题，大多数都会变成今后无法跨越的难点，这是众所周知的。

从儿童变成一个具备相对稳定人格的少年少女，伴随着对"性"的懵懂觉知，也要面对该如何接受此萌动的问题。当然，思春期的孩子对此并没有明确的意识。在这个时期，有的人成绩会下降，有的人会试着加入不良团伙去小偷小摸，有的人会躲起来好奇地学抽烟……但即便会经历这些，很多人最终还是会跨越思春期这个坎。

既然人生有思春期，那么我想可能还有思秋期这一说。相对于思春期要耗费心力去接受的"性"这个棘手的问题，思秋期背负的是"死亡"这个更难对付的课题。在40岁到50岁这个年龄段我们会迎来思秋期，但大多数人就像思春期的孩子们一样，并不会对"死亡"有清楚的认知。这个年龄段的人们都认为自己还年轻，身体康健。但在内心深处却又无意识地开始了向死的准备。因此处在这个年龄段的人们很容易会发生很多不可思议的事情，赌博、找女人、酗酒……麻烦会以各种面貌登场。

很有趣的是，很多时候，孩子的思春期和父母的思秋期会在年龄方面上趋于一致，这是因为家庭全体都被卷入了这不可思议的漩涡之中。就如同在 A 先生夫妻之间关系隐隐吹起冷风的时候，恰好也是儿子想要离家出走的节点，儿子的思春期和 A 先生夫妻的思秋期惊人的一致。也正因如此，A 先生夫妻以孩子们的问题为契机，同时化解了自己夫妻间的危机。

这样想来，在人的成长过程中，无可避免地会与各种问题相遇，所以我们完全可以理解，即便是值得称赞的"好家庭"也同样需要面对问题的发生。反而是那些没有问题发生的家庭，恰会反映出人的成长也随之停止了。我想说的是，人生至关紧要的，并不是生活中有或没有问题，而是人究竟该以什么样的方式和态度去生活。

最近大家都在说青年期变长了。这是因为，一个年轻人要成为一个有独立担当的成年人变得越来越困难。很多人虽然年龄在增长，但其实还是未成年。思秋期也与此差不多，现在要成为一个老人也不是那么简单的事，所以思秋期这个阶段也延长了。因为思秋期的"症状"和思春期的某些方面极其相似，所以实际上，我观察那些 40 岁左右出现各种问题的人们，有时甚至会分不清，究竟这是思秋期还是迟到的思春期呢。

若是在以前，不会有这延长的思秋期，衰老和死亡总是来得猝不及防，人们在精疲力竭，油尽灯枯后自然地倒下。而在今天，发达的医学已经可以让我们享受到长寿的喜悦，只是随之而来的是，思秋期的苦恼也被拖得长长的了。

我说了很多与孩子有关的话题,其实有时进入思秋期的夫妻,也会因为照顾自己的父母而顺利地度过这个时期的危机。可能他们本人会为照顾老人而感到麻烦,为此叫苦不迭,但正是经过了这个时期的辛劳,夫妻两人对衰老和死亡有了更深刻的理解,在不知不觉中克服了思秋期的危机。家庭这个存在,其内在相互之间错综复杂的关联往往超乎我们的想象。

独立与依赖的共存

B先生夫妻的育儿理念是培养有独立自主能力的孩子。为此,他们在养育孩子过程中很努力地避免娇惯孩子的言行。妻子没有因为孩子而放弃自己的兴趣爱好,遇到喜欢的活动会积极参与,当孩子们到了可以独自在家的年龄时,更是经常让孩子们留守家中。这样长大的儿子对父母言听计从,B先生夫妻的朋友们为此都很羡慕,频频称道他们教子有方。

然而,他们的儿子在进入初中的时候突然怎么也不愿去学校了。那样有"独立自律性"的孩子,竟然死活不去学校,白天蒙头大睡,直到傍晚才起床,打开电视,然后开始常人的生活。无奈之下,B先生的妻子只得寻求专业人士的帮助。

心理咨询师听了B先生家的教育方式后,向他们夫妻提出了一个很有趣的见解。概括来说,就是独立和依赖并不是两个相对的事物，而更应是共存的。排除了依赖的独立，就像一件没有了内衬的正装，看着华美却很容易变形。需要依赖的时候就让孩子完全地依赖，当孩子有过依赖的经验后，在此基础上建立的独立，对孩子而言才是真正意义上的独立。

看着依然带着一脸不服表情的 B 先生，心理咨询师又说明道，最近有这样一个有关亲子关系的调查，面向的是结婚后从父母家庭中独立出来的孩子，就他们与父母之间的交流程度做了比较，发现欧美和日本相比，那里的孩子与父母交往沟通的程度远胜于日本。由此看来，孩子正因为成了一个自立的个体，才会与家人互相之间有更多的接触，在需要依靠的时候也会毫不犹豫地寻求帮助，而无法完全独立的人，则会对依靠他人、与他人交际感到害怕。B 先生接受了心理咨询师的引导，与孩子的交流温和了许多，已经是初中生的儿子竟然开始了从未有过的撒娇，虽然有点过头得可怕，但孩子内心得到了满足，自此之后，他开始了真正的自立，重新上学了。

有关孩子的思春期和父母的思秋期的重叠，之前已经说了不少，我还想强调的是，家庭的问题很多都有着这样出人意料的重叠性质。因此，现在的家庭要在这样千头万绪的家庭关系中健康成长，一定要重视思考独立与依赖这两者如何巧妙地共存。就以 A 先生一家的例子来说，父母和孩子互相交流自己的想法，孩子就是在一定程度上获得了自主独立性。而当他们的问题被孩子提出来，A先生夫妻因此改变自己的生活态度时，在很多方面其实是父母得到了孩子的帮助。父母需要依靠孩子这并不是什么奇怪可笑的事，而且更重要的是，正因为相互有了独立性才可能做到相互信赖和扶助。

如果不了解独立和依赖的共存性，急切地追求所谓的独立，这一鲁莽的行为所产生的恶果是，完全切断孩子对父母的依赖。在我看来，那个与母亲特别亲昵的川崎事件中的男孩，不光杀害了父亲，甚至连母亲也一起杀害的行为背后，是否也隐藏着这种硬生生地强调自己的独立意向的可能呢？

虽说依赖和独立要共存，但这个共存究竟要到怎样的程度呢？要回答这个问题实在有些困难。但是哪怕人们只知道这两者不是相对立的概念，我觉得就已经很不同了。为了妥善保持这两者间的平衡，我认为之前就一直提到的"自然态"的优点可以作为一个参照指标。适当地让孩子依赖，适当地散养。一般来说，孩子的教育只要顺其自然，因势利导，就不会有什么大问题发生。如果这时有什么问题发生，可以像A先生家的例子那样，随心而动，做出某种改变就可以了。事实上，究竟是在哪个点上才最为适当，谁也不知道。所以，世上的父母大可以坦然面对自己的真心和天性，怀着这样的自信生活就好。

现在的日本人随着经济的繁荣，和自然的关系越来疏远。所以在此我想重申的是，即使想要满足孩子的各种要求，给他们买这个那个的时候，父母也不能忘记要有所节制。也就是说，对现在的父母而言，更需要注意的是不做什么，而不是做什么。这是现在的父母们必须学习的困难的一课。不断有意识地去追求和强调这种"自然态"，听上去可能有些矛盾，但我认为像这样困难的课题确实是今天的我们不得不背负的。为此，我们在家庭中，因为强调自己的主张而时有碰撞也变得非常必要。不然若总是回避问题，就很有可能将矛盾上升到肢体冲突的程度。

亲子关系的盲点

在夜晚哭泣的孩子

有一天，一位妈妈带着小学三年级的女儿来咨询。孩子看上去开朗活泼的样子，感觉并没有什么问题。我怀着疑惑询问，原来是这个孩子有"在夜晚哭泣"的问题，很让家人困扰。

孩子睡着睡着忽然在梦中哭泣起来，有时哭着哭着就没事了，有时索性放任她哭，却怎么也停不下来。如果唤醒她，孩子就会开始恶心、呕吐。看着孩子那么悲伤地哭泣，父母却不知所以，只能在旁揪心地胡思乱想，情绪也跟着起落变得焦躁起来。有时候听着孩子不停的哭声，父母会忍不住大声喝止，只是如此一来，被惊醒的孩子这次会真的放声大哭，使状态变得愈加混乱。父母难以想象孩子能有什么忧虑和烦恼，夜里非哭不可，所以完全不知所措。

仔细听了这位母亲的叙述，不难理解她不可名状的心情，因为这个孩子在白天的生活完全是明快活泼的。我和她接触后，丝毫感觉不到她有一丝阴郁，是个非常开朗的孩子。她本人对于自己会"夜晚哭泣"这事感到无法想象，早晨起床时，大多数时候都不记得自己曾在睡梦中哭泣过。这个家庭还有一个弟弟，她作为姐姐很是照顾弟弟。只是，弟弟相较于姐姐更受父母宠爱，有时他的任性撒娇让姐姐有点头疼。尽管如此,弟弟并不觉得姐姐夜晚哭泣这件事对自己有什么困扰。

听到这样的案例,一般我们可能会考虑:这样一个完全符合成年人心目中标准的"好孩子",是什么原因让她一到晚上就止不住地哭泣呢? 但我觉得也许更应该反过来想这件事: 难道不正是因为女孩是这么一个"好孩子",才会在夜晚哭泣吗?

当这个孩子一再被期待着做"好孩子"时,为了满足这个期待她要尽自己最大的努力。要成为人们眼中"称职姐姐"的样子,所以看着弟弟的任性撒娇,调皮捣蛋,她会一再告诫自己: 我作为姐姐绝不能像弟弟那样胡来,不能给别人添麻烦。我想,这副"好孩子"的重担可能让这个孩子再也无法忍耐了吧,所以白天里她从没有意识到的那些痛苦感受,才倾泻在了夜晚的哭泣中。而因为夜晚的哭泣补偿了内心的缺憾,所以白天才能展现出非常开朗的"好孩子"的一面。不得不说,这个孩子在不知不觉中为自己的情感找到了一个完美的平衡点。因此,一旦连这样的梦中哭泣都被斥责的话,这个孩子白日里无处安放的情感就失去了最后的立足之地,她的哭泣自然变得声势汹涌,难以遏止了。

而这个孩子之所以能找到情感平衡点,一个关键因素是,她的母亲不是个掌控欲极强的人。毋庸置疑,每一个母亲都怀着自己的孩子是好孩子的心愿,这是理所当然的事情。所谓天下父母心,昔时今日都从不曾改变。不过即便如此,必须引起我们关注的是,与过去的时代相比,现在的母亲投放在孩子身上的心神、聚集的能量是完全不可同日而语的。过去,主妇们常常焦头烂额地忙于家务和劳作,一个家庭也是孩子众多,所以母亲们即使有让每个孩子都成为"好孩子"的心愿,也苦于没有精力去实施。于是,孩子们有了远离母亲管教,无拘无束成长的机会。母亲们的一腔执着也因为这个缘故很自然地得到了缓和,抚育子女这件事反而达到了一个恰到好处的程度。

坏事情和好事情

现在的母亲与过去的母亲相比,因为有为孩子竭尽所能的过度倾向,反而会让孩子们时时感到困扰。当母亲们马力全开,铆足了劲地将"好孩子"的形象强加于孩子时,却因为用力过猛,反而扭曲了孩子的天性,这提醒我们很有必要重新思考所谓"好孩子"的培养这件事。之所以这样说,是因为来到我们这里做心理咨询的孩子们——就像之前例子中的孩子那样——大多都是好孩子。他们来咨询时,当然已经出现了各种问题,有的是不去上学,有的是对父母暴力相向……他们中的大多数,在这之前都是好孩子,而实际上,正是好孩子这一事实关联并引发了之后所发生的问题。

之前那个夜晚哭泣的女孩的例子,足以让我们意识到,人不只需要喜悦和快乐,也需要哭泣和悲伤,哭泣也好悲伤也罢,都是人生不可或缺的要素。确实从人类文化的发展来看,人类一直在努力减少痛苦和悲伤。现在的人类,不用再一路艰辛地一步步走去远方,各种交通工具可以让我们便捷地到达世界各地;各种疾病带来的生不如死的痛苦也因为医学的发展而大有改善。文明的进步,使得现在的人们在生活中很少能感受到非常强烈的痛苦和悲伤,但这是否让人开始产生了这样的错觉,以为人间所有的痛苦和悲伤都是应该摆脱的,也是可以摆脱的呢? 尽管科学的发展让我们很多的苦痛得到了缓和、减少,但人们在生活中固有的悲伤却不会消失。而事实是,为了创造出人们性格的多样性,这样的情感是必不可少的存在。

然而,众多的父母却在尽自己最大努力让孩子们不去体验这样的悲伤和痛苦。当孩子们正在体验这样的情感时,我们大多会生气地禁止。比如,对着争吵后不停哭泣的孩子,我们会大声呵斥:"不许哭! 以后不许再吵架!"可能我这样一说,大家会反问,难道你是要鼓励孩子们打架、争吵的行为吗? 其实我想说,对这样的行为如果我们用稍微不同的言辞,情况可能会有所不同。

打架争吵这种事,从事情本身来说绝对不是什么好事。但是,一次也没有和人争执过,悲伤、痛苦的事情基本上都没有体验过就长大的孩子,作为一个人这是不是值得肯定呢? 而之所以构成了这样一个问题,是不是又和成年人,也就是父母、老师的管教过分严厉有关呢?

"孩子之间打架争吵是很不好的行为,不可以做。"即使老师和家长这样谆谆告诫,在孩子的圈子中,这些事还是会不时发生,但只要有一个适当的度,其实也能适当地锻炼到孩子,帮助孩子成长。

可是这种适度如今正在逐渐消失。以往,来自成年人的有关善的教育,与孩子圈子中发生的人性中自然的恶形成了恰当的平衡,孩子们在这样的善恶平衡中受到教育和培养。而我们的现代教育,却不断强调着成年人的规范,将规则凌驾于天性之上。这样的做法,其实只能奏一时之效,孩子年纪幼小时尚可行,到了初中和高中,当孩子有了自己的主意,开始要发挥自己的能力时,孩子与成年人的立场,顷刻间就会发生逆转,孩子们将大人们的规则置之脑后,开始为所欲为。这个时候,至今为止被压抑、被否定的情感喷涌而出,很有可能就会导致让世人感到震惊莫名的事件。

霸凌的孩子和被霸凌的孩子

在现代学校,有关幼小学生的众多问题之中,霸凌现象是非常严峻的问题。其实在教育咨询的现场,人们咨询最多的问题,是孩子不去上学,关于这一点,我在很多著述和文字中都有论及,而这次想讨论的是被霸凌的孩子的问题,当然,这个问题其实与孩子不去上学也是有关联的。

之前在滋贺县的某个中学发生过一起初中生杀害同学的事件,杀人者就是曾经被霸凌的初中生,他在忍无可忍之下采取了报复行为。我们也曾接到过来自被霸凌的孩子的心理咨询,让我们内心受到极大震撼的,是霸凌的可怕程度。

有个初中生,总是被同年级的一群男生单独叫出去,遭到拳打脚踢的暴行。之前我说过成年人对孩子们制定了过分严厉的规则,但这也只是到小学生为止,一旦成为初中生后,情况就有了急剧变化。他们背着父母和老师所做出的行为,比起以往,完全可以用荒唐透顶来形容。

这就如之前所说的那样,孩子们在迄今为止的人生里,在同龄人圈子中不曾学习到什么该拒绝,什么是底线,这个恶果造成了他们的行为失去了分寸,施暴的孩子愈加过激、荒唐、混乱,而被霸凌的孩子一方,我们事后听他们的叙述,也不由得深深感慨,他们竟然对如此欺凌,一次次沉默地忍受,使得事情一步步发展到无可挽回的地步。而像这类霸凌最终酿成血淋淋的大事件之后,大人们往往才感到惊愕和后悔。

当被霸凌的孩子成了初中生后,更加没有了申述的地方。告诉老师,之后的报复会变本加厉、恐怖凶狠;对父母就更没有倾诉的心情,因为孩子心中在呐喊:同在一个屋檐下的母亲,居然从来没有注意到自己的痛苦和挣扎,没有看到自己正一直经历着的身心双重的恐惧!

　　对于这种现象，我们都很想了解，究竟是什么类型的孩子容易被霸凌，是否有某种倾向可以研究。但直到目前为止，我们还是无法判明。唯有一点可以指出的是，那些被霸凌的孩子的家庭，父母大多对孩子的遭遇是漠然无所察觉的。

　　不过，也有这样一个案例。一个被霸凌的孩子回到家，母亲发现孩子的神色很奇怪，注意到孩子红肿的眼睛，于是一再询问原因，母亲的关注让孩子吐露了实情。惊怒不已的母亲连忙去和父亲商量。父亲最初感到麻烦，不愿配合，觉得孩子已经是初中生了，男孩子之间有争吵和打架都是很平常的事，用不着大惊小怪。孩子忍不住，就把实际情况详详细细地告诉了父亲。父亲这才惊觉，这可不是简单的初中生之间的打架斗殴，简直可以说是动用私刑了！看到孩子身上的累累伤痕，夫妻两人悲痛得连话也说不出。

　　"绝对要告诉老师，严厉处罚那些施暴的同学"，对于父母的这个说法，孩子却一再强调不愿去做这个告发者。在不断争执的过程中，看着无助的孩子，父亲愤慨地说，自己要亲自去学校把事情说清楚，要去和那些坏孩子们当面对决。孩子听到父亲这么说，突然不再坚持了，反而表示自己可以一个人去和班主任说，不用父母一起去。

　　从学生口中听到校内竟然发生这样的事情，班主任极其惊愕，立即将霸凌问题在职工会议上提了出来。以这个事件为契机,学校还了解到了其他类似的极端欺负、凌辱同学的问题。在老师们强有力的指导下,这类问题在校内顺利地得到了解决,被霸凌的孩子们也完全不用担心受到报复。

当我们接触到这个案例时,最感意外的是,与那些霸凌孩子的残忍可怕形成鲜明对比的收服他们时的轻而易举,这种落差让人觉得他们之前的行为如此不真实。对此,以下的说明不知是否能解释这个困惑。

校园霸凌事件频发的背后

那些进入思春期后的孩子们,开始感觉到自己的内心有某种不可解释的力量蠢蠢欲动,他们游走在霸凌同伴的圈子中,对内在的这种难以控制的力量,找不到任何途径去宣泄。他们对于至今为止一直听从大人们的意愿,受到大人们掌控的生活有着强烈的反抗意识,渴望尝试某种破坏这个社会的规则的行动。我们在事后的调查中发现,曾经是霸凌孩子的初中生长大后,进入大学阶段,当他们被询问到当年为何做出那样可怕的暴行时,多数的回答是,自己也搞不清楚,实在难以解释当年为何要做出那样的恶行。当时看着那些被自己霸凌的同学,不知为何就是感到烦躁不堪,想要上去狠狠教训一顿。他们自己也觉得这样做太过残酷了,但还是控制不住自己,因为那样做了以后,有种痛快淋漓的感觉。

对于这种从思春期孩子内心涌出的能量,如果有强悍的父性能量去接纳,是能够从正面阻截下的。当孩子们直接感受到父亲的强大,感受到挫折,他们就能够从中寻找到属于自己的生活态度,属于自己的能力和个性,这一点至关重要。

这样想来,现在日本的孩子们对于父母的态度,完完全全是颠倒的。直到上初中为止,孩子们都生活在奇怪而陈腐的规范制度之中,而进入初中后,父亲这个角色却缺少了应有的强大,这导致孩子们失去了抵抗来自自身躁动的能力。进一步深思这种现状,我们可以看到它与日本的文化和社会的根本存在方式紧密相连。

科学与文明的日新月异,使得我们的物质生活变得越来越优渥。由此带来的是,人们的思考方式和生活态度的逐渐改变。但是精神上的改变难以跟上物质生活的快速变化,这使得众多的问题就此滋生了起来。

虽说物质变得充裕了,想要的东西必须要用工作的报酬去购买。于是,父亲每日忙于工作根本无暇顾及家庭,母亲不得不同时担当起父亲的角色。最初,母亲也许有充分的能量可以给到孩子们,其中有一半类似于父性能量中克制的、理性的那部分,这部分的能量能促使孩子自觉地学习,成为一个优秀自律的人,但可能也正因为如此,母性能量中对孩子的温暖和包容的感性部分变得越来越少了。当母亲般的温柔宽容逐渐减少,孩子到了青年期时,又没有与强大父亲对决的机会,孩子的成长就会缺乏完整性,这造成孩子们的困扰也是当然的吧。

虽然物质充裕,但在这种环境中长大的孩子们,反而越来越感受不到在孩子教育中至关重要的父亲的强硬本能和母亲的温厚天性,这会让孩子们产生强烈的被忽视的感觉。

在之前说到的那个例子中,由于学校老师以强硬态度对待霸凌事件,问题快速得到了解决。但在我看来,其实对事件的解决最为高兴,大大松了一口气的,很有可能是那些施暴团伙中的学生们。可以这样说,他们是怀着对强大父性能量的期待,在对此茫然地四处寻找中,不断挑战规则,做出各种破坏性行为的。

这件事能够得到这个满意结果,决定性原因就是被霸凌的孩子在家中与父母做了深度的沟通。这一举动意义重大。在与父母的交谈中,他感受到了父亲的强悍力量,这使他承担起自己的责任,坚定了向老师举报的决心。正是有了这样的多方面努力,被霸凌的孩子终于站了出来,而学校体制中的父性化的强势一旦形成,问题也就冰消瓦解了。

不过对此我想补充的是,如果老师和父母介入时的态度不明朗,立场不坚定,行动不彻底,那么像这样的霸凌问题,便不会轻易地得到解决。

显然,之所以发生以上这类霸凌事件,是与我们对于家

庭关系和亲子关系的思考方式息息相关的。现代日本处于
不断变化之中,在整个社会都处于找不到新的道德观和价
值观的混乱之中,孩子们也不可避免地被卷入了这个泥潭。
因此,我们期待人们努力摸索新的道德观和价值观。

孩子向父母所求之物

亲子关系的难点

今时今日，我们身处一个亲子关系极其困难的时代。我因为专职于心理治疗，所以会接到很多有关亲子关系出现问题的咨询。有位母亲叙述，自己小时候因为双亲都奔波忙碌于生活，对自己很是疏于看顾。她记得小时候，自己常常被放置在田埂上的一个网兜里，看着父母在农田里干活。自己在这样不受重视的环境中长大，所以她对自己说，将来抚养自己的孩子，作为母亲她一定努力让孩子不光是学习优秀，身体棒棒的，她还要悉心照顾孩子的各方面。但她的全力以赴，却使自己的孩子成了一个"问题少年"。这令她不由得长吁短叹：不知道这究竟是怎么回事？自己该怎么做才好？我想，这一声感叹，道出了现在众多父母的难处。

在为亲子关系的问题而苦恼的父母中，也有不少是接受别人咨询的教育者、宗教家和心理咨询师。这个现象说明，孩子的教育不是用简单的 how to 式可以解答的。现在，也许可以说是一个父母受难的时代吧。就像上述的那个母亲的感叹所表露的，父母即使付出努力，也未必能保证目标的达成。那么我们究竟该怎么办呢？我想为了仔细思考这点，我们先来看看以下这个简单的例子。

　　A 夫妇对孩子的教育倾注了大量的热情和心血,简直可以说是以孩子为中心的家庭状态。他们连给孩子们买的学习用品也一律都是价格高昂的。但孩子也许是在和同伴们交流中得到的信息,今天说那个用起来会更好,明天又说另一个种类的会更方便等等,各种要求源源不断。想着不能对孩子们表示不满,影响他们的学业,A 夫妇便一一购买,完全满足孩子们的要求。也有让 A 先生无法容忍的时候,那就是孩子们经常会丢失东西,甚至弄坏东西。但最终他一边嘟囔着,一边因为不想令孩子们感到不便,还是去把这些东西给买了回来。

　　A 夫妻认为在培养孩子的同时,更重要的是能够一家共享天伦之乐。所以每到假日,他们都会带上孩子们去各处游玩。

　　A 夫妻一家最大的梦想是拥有一辆家用车。这个梦想在长子进入小学三年级的时候终于达成了。坐在由父亲驾驶的爱车上出行,一家人看上去快乐而美好。只是这时候,孩子们的要求也逐步升级了。对游玩的场所、吃什么美食等提出了种种要求,而这些要求在 A 先生看来,是完全不符合他们一家现有条件的。

　　好在虽然有这些小烦恼,但孩子们成绩优秀,健康快乐,看上去没有什么大问题,就这样一天天长大了。直到有一天,A 夫妻突然接到学校的通知,说是已经是初中二年级的长子,因为参与了学校偷盗团伙被老师留下辅导了。夫妻两人完全被这个消息惊呆了。班主任老师当着父母的面教导孩子说:"你的父母全心全意地为你着想,让你要风得风,要雨得雨,为什么你还要干出偷窃这种事呢?"长子却回答说:"那些东西,都是因为他们自己喜欢,自说自话买来的。"听到儿子的这番话,夫妻两人的心情犹如火上浇油一般,他们感到难以置信,又怒又痛。

明明是孩子自己不断地提出各种无理要求,而父母不得不勉强自己去满足,却落得一个"这是家长自说自话"的下场,想到过往种种,A 夫妻怒火攻心,狠狠地骂了长子。这样荒唐的孩子除了交给专家治疗实在是束手无策了,于是 A 先生就带着长子去找了心理咨询师,而通过这位心理咨询师,A 先生所了解到的事实却是,他们对于孩子的要求,其实从来没有真正满足过。

孩子真正的要求

那么,孩子真正想要父母给自己的究竟是什么呢?

就 A 先生的情况来看,说得直接明了些,可能就是对于孩子本来状态的"关照"吧。比如说,给孩子买书桌,夫妻两人认为,我们花了这样的高价,这足以证明我们完成了自己的责任。而孩子对于买这张高价书桌是抱着什么想法? 他会怎样使用这张书桌? 他们对这方面的关照是完全缺失的。

孩子有孩子的世界。在成人们看来有抽屉有隔板的书桌,使用会很方便,但可能在孩子眼中,什么都没有的简单书桌看起来更有意思;比起坐在父母的爱车上一家人出游,一个人满身是泥的玩耍可能更开心。如果父母对孩子缺少这一类的关照,只是按自己的想法去做,并认为自己一心一意地为孩子做了这么多,孩子就该好好地做好自己的分内事,那么父母的这种所作所为,就会沦为孩子口中的"自说自话"。

不过,对于上述这种情形,孩子们虽然内心深处能够隐隐感觉到,却还无法用语言来明确表达,甚至更多时候连他们自身也并没有明确意识或感受到。孩子们只是难以摆脱这种不满足感。当他们竭力要将这种不满足感传达给父母时,这种不知所以然的感受大多就变成了形形色色、不断升级的要求。走进餐厅,当孩子说出这个地方不怎么样要去高级餐厅之类的话时,其实孩子口中这些单纯的表达背后有更深层的意思。更多的可能是,孩子们对于父母们以为把他们带来餐厅吃顿饭,就成就了"一家和乐"这个目的的随意态度的一种抗议。所以,面对孩子看似无理的要求,父母如果能够做到坦率回应,那么孩子们这类物质化的要求就不会不断递升了。

A 先生夫妻的所谓孩子中心主义,真正的内核其实并不是以孩子为中心,而是父母自以为的以孩子为中心,并把这种认知强加在了孩子身上。

A 先生长子的偷窃行为,在我看来,极具象征性。孩子一直从父母那里无法得到真正的满足，于是对于这样的不足想要用自己的能力去填满——虽然是以极其错误的方式——竭力想要通过自己的双手去抓取什么的需求显得如此强烈。尽管，A先生一再说自己为了孩子已经做尽了他能做的事。

实际上，当孩子向父亲提出想要开车出去玩的要求，而父亲因为工作太忙，拒绝了他，这虽然让人不开心，但很快，孩子可以在和兄弟同伴们的玩耍中，发现许多新的乐趣，转换兴趣点；又或者是在和朋友的交流中，体验友情的快乐。这些对孩子来说不都是很有意义的事情吗？孩子在这样的过程中，寻找到了用自己的能力满足自己的方法，自然不会再以偷窃之类愚蠢的行为来填补自己的需求了。

这样想来，生活在现在这样的物质丰厚时代，比起什么都要给到孩子的那种放纵的爱，有所为有所不为的克制的爱也许更为重要。现在的父母，不论是玩具，还是学习用品，如果想要买给孩子，都可以买到相当可观的商品。过去的父母，其实为了孩子也同样想着要尽自己所能，但庆幸的是，过去的父母并不富有，也没有这么多的闲暇，所以即使拼尽全力，也"自然而然地"有不能为孩子做到的事情。从A先生的例子中可以明白，现在只要想做基本都能做到，所以很难"自然而然地"不为孩子做什么。因此，作为父母的爱的方式，"能为却不为"反而变成必要了。当然，这并不代表父母对孩子完全无所作为就是好的。

　　物质化正在中止父母的爱，这种时候，作为补偿的精神上的爱尤为必要。孩子们不断要求的，是"用金钱无法购买到的"那份父母心。

　　在判断什么是"能为却不为"这件事情上，首先需要我们做父母的自我内在有正确的人生观和世界观。孩子们表面上的"我要买那个""给我这个"的各种要求，其实是在以此试探父母对事物的判断能力和生活态度，这才是他们真正在乎的。父母只要牢牢把握住这一点，就完全可以充满自信地陪伴孩子一路健康成长。

第三章

盛年期的婚姻危机

如何渡过婚姻危机

结婚二十年，妻子的不满

结婚这件事，仔细想来很是不可思议——直到见面之前都没有任何关系的男性和女性结合到一起，两个人在漫长的一生中，共同生活在同一屋檐下，不再分离。

在我们心理咨询师的工作室内，经常会接待各种有关离婚的咨询，其中有的人，结婚一年不到就想离婚了。而且像这样结婚后就吵着要离婚的，不少还是恋爱结婚，有的甚至是恋爱时间比结婚时间还长。像这样一不高兴就以简单的离婚收场的案例，若仔细倾听双方的叙述，很多时候我都不由得惊讶于他们对待婚姻的随便态度。不过这次我不想就这个问题过多谈论，而是想就一对结婚近二十年的夫妻之间发生的问题，提出来和大家讨论。

根据 1977 年日本广播协会（NHK）进行的一项有关日本夫妻现状的调查报告，针对"夫妻如果有正当的理由，还是离婚更好"和"不论发生什么情况都没有必要离婚"这两个选项，结婚时间的长短不同，回答也是差别明显，其中寓意，令人深思。

结婚不到三年的夫妻，丈夫赞成前者的为 62%，赞成后者的为 36%；妻子这方，赞成前者的是 74%，后者则是 22%。虽然男女各有差别，但"如果有正当的理由，还是离婚更好"

得到了压倒性的多数票。不过这个倾向,随着结婚年数的增加,逐渐发生了变化,结婚年数达到二十年至三十年的人们,丈夫赞成前者的降低为40%,赞成后者的则上升到了55%;而妻子赞成前者的也同样降低到40%,赞成后者的为53%,形势发生了微妙的逆转。

从统计数据来看,大多数夫妻显然都认为,经历了二十年以上的婚姻,不论遇到什么都没有必要用离婚来解决了。然而,像这样有着多年婚史的夫妻之间的问题,在现在的日本,正在逐渐增多。

我举一个例子。A女士刚过40岁,因为从事的是类似自由职业的工作,所以结婚后依然在持续工作,同时,她还是一男一女两个孩子的母亲,主妇的所有工作她也都无可挑剔地完成了。丈夫收入殷实,儿子已经高三,成绩优秀,老师认为完全有希望进入有名的私立大学,女儿学习上虽然不如哥哥,但喜欢运动,开朗的她对自己的初中生活很是满足,乐在其中。看起来这是一个没有任何问题,甚至可以说是令人羡慕的家庭。但是,A女士不知为何最近总是心情不佳,做什么事都无精打采,怎么也高兴不起来,至于自己为何如此,她自己也不明所以。为了确认自己的情绪究竟是怎么回事,她对丈夫说,自己这样子还不如索性辞职算了。

丈夫对她的这个想法,很是不当一回事,"就你这样子,现在说辞职,不知什么时候还不是要弄出其他事情来!"丈夫的这个回答和态度,A女士认为极其冷漠、粗鲁。她以这样的心情审视丈夫,越想越觉得丈夫实在是个自私又任性的人,从来没有站在她的角度关心过她的生活和心情。对于A女士内心这种说不清楚的不安和寂寞的感受,她丈夫完全没有察觉。在她丈夫心目中,一个好家庭,有丰盛的美食和温暖的床褥就足够了。自己有喜欢的工作,并且依靠这份工作供养着家庭,还给了妻子充分的自由,自己的收入也任由她想怎么用就怎么用,这些都提供了幸福家庭的足够条件。丈夫的这种不以为然的态度,更让A女士感到郁闷。

一旦当她开始觉得丈夫对自己"根本什么都不明白什么都不想了解"时,丈夫的任何细微动作都没来由地让她看着心烦,连之前从不会引起她任何不快的丈夫抽烟这个举动,现在也使她觉得讨厌到无法忍耐,丈夫抽烟的每一个动作都会让她克制不住地心烦气躁。

危机会以各种形式到访

现在的中年女性中,有众多像A女士这样心中被不满充塞的人。从外在部分来看,A女士拥有一个无可抱怨的幸福家庭,她的不满不明所以,所以更难以言说。而与之相反,在大多数情况下,中年夫妻的危机是通过外部事件为契机显露出来的,所以更让人一目了然。

让人意外的是,对于关系良好的中年夫妻而言,使他们之间的融洽关系出现裂痕的往往是来自外部的事件。比如,夫妻一方的父母因为年迈体弱需要照顾,不得不同居陪伴,这也是经常有的事。丈夫的父母想和儿子同居,但妻子非常回避此事。于是,夫妻之间开始不断为此争吵,到了这个年龄,夫妻之间自然说话不会客气,都是想到什么就说什么。虽说这不是坏事,但这种时候脱口而出的一句话,往往就会引发一个决定性的结果。常见的状况是,夫妻彼此用"你的父母……"或者"你的家庭……"这样的言辞相互责怪,忽然会意识到,虽说是夫妻,却也不过是熟悉的陌生人。日本人和西方人的不同之处是,即使有相当的现代思想的人也不能从家庭的束缚中得到完全的自由。夫妻本应是一家人,但当他们说出"你的家庭……"之类的话时,还是会被原生家庭的这根血缘的纽带所牵制。这种时候可能会因为丈夫的一句话,妻子从心里感到冷彻心肺:"我竟然和这样自私无情的人生活到现在啊!"

夫妻关系的破坏,最为决定性的原因就是夫妻某一方的出轨,这一点是毋庸赘言的。但实际上还有这样的情形,比如一方明明没有出轨,却总是被另一方怀疑,或者是因为一个偶然发生的可疑状况,也都会成为夫妻关系破裂的导火索。乍一看来,好像是那个至今从没有联络过的旧时异性同学的突然到访,或者是某一封来历不明的信件,使夫妻之间出现了缠绕不清的纠纷,但仔细思量,这些事情只不过是将潜伏在夫妻之间的心结摆到了桌面上。

家庭中孩子的问题有时可能会是夫妻之间危机的导火索,但有时也可能由于孩子的问题,夫妻危机反而得到了化解。在 B 先生的家中,因为读高中的儿子拒绝上学,他们夫妻关系变得岌岌可危起来。B 先生夫妻的儿子,在这之前无疑一直是个被大家认定的"好孩子",但有一天,他突然开始讨厌上学,在家无所事事,整日里看电视打发时间。母亲认为对变成这样的儿子,就应该严厉教训,强迫他去上学,而父亲却主张与其强压,还不如就这样在旁观察为好。在如何对待儿子这个问题上,夫妻两人争吵不休,妻子认为丈夫作为父亲没有拿出该有的强硬态度,是个没用的男人;丈夫认为妻子缺乏母亲的柔和温厚,不配当母亲。夫妻争论已经完全脱离了孩子的问题,变成了两人之间的诋毁。而很多时候就是因为这样的原因,夫妻就发展到了分居的地步。

夫妻相互之间的重新认识

正当 B 先生的家庭因为儿子怎么也不愿去上学而闹得不可开交,夫妻的僵持不快,使关系变得越来越糟糕的时候,有一天,至今一直是等晚归的丈夫回到家后才去睡下的妻子,这次却没有等丈夫,因为心绪烦躁不宁她早早就睡下了。也不知是故意还是偶然,妻子睡下时竟反锁上了大门。晚归的丈夫怎么也打不开门,自然是大为光火,狠狠敲打房门。幸好儿子还没有睡下,为父亲打开大门时,他用嘲讽的语气说:"做老爸就是好呀! 想喝到几点都可以,想怎么玩就怎么玩。"听到这句话,B 先生的怒气爆发了,他大声喊道:"我去喝的什么酒你知道吗! 你又懂什么!"

面对被争吵惊醒的妻子和孩子,B 先生告诉了他们自己在公司的经历。他在公司的研究部门工作,今天,是去参加同事获得了特许专利而设的庆祝晚宴,这个特许专利本来说不定是自己可以获得的,却被同事抢了先。说是同事,其实是自己的竞争对手。但即使是竞争对手的庆功宴,自己作为男人也只能笑着出席,不得不喝这杯苦酒。他说完今晚喝酒的缘由后,问儿子:"你作为一个男人,你有这样的韧性吗? 你不是连学校也去不了吗?"

听着丈夫对儿子说的话,妻子却感到特别欣慰。因为这是她第一次听到丈夫将自己的工作、自己的感受这样掏心掏肺地说出来。当儿子返回自己的房间后,夫妻两人又谈了很久。妻子听了丈夫的话,一边为自己从不知道丈夫工作中有这么多不容易而向他道歉,一边责怪他为什么此前从不跟自己说这些心里话。丈夫辩解说,自己有时是想说的,但看到妻子不是很想听的样子就说不出口了,有时又觉得自己不说妻子也应该明白的。就在这个长时间的相互倾诉中,夫妻两人感觉心比以往更靠近了。而更不可思议的事情也跟着发生了,此后不到一周,儿子就自己去上学了。

接触到这一类的案例,一直让我感受到这样一个事实:

通过某一个事件,夫妻之间是可以相互重新认识,重新发现的。就 B 先生的案例来说,妻子第一次看到丈夫愤怒之中的真实内心,对丈夫在职场中的辛劳也第一次能够感同身受了。从丈夫这方看来,虽然把自己在职场上不值一提的烦心事说给家里人听,让他觉得很无奈,很没面子,但妻子如此热心地倾听,而且自己的心情也确实为之开朗了不少,这种体验是新鲜的。

确实,二十年左右生活在一起,虽说是夫妇一体,但可以说很多时候并不能看清对方真正的样子。换种说法就是,因为我们自身真正的样子,谁都难以真正了解,更不用说去简单地判明他人的事情了。所以,如果将人到中年接踵而来的危机,视为夫妻相互作用下开发出的一个至今为止从未领略的新层面,是为了相互重新认识而给予的机会,那么,通过这个契机,夫妻关系也将获得更加紧密的联结。

中年是马拉松的折返点

旧时的夫妻关系,可能很少像我们现在的夫妻这般经历上述种种危机。首先一点是,过去的主妇们真的是忙碌异常。几个孩子围绕在身边,没有便利的电器产品做辅助,从早到晚都必须和一大堆活计打交道。因为夫妻两人共同劳作,把维持这个家作为共同的目标,所以夫妻之间并不需要过多的"对话",也能相互达成共识。而且,过去的人们并不像今天的我们这么长寿,他们勤勤恳恳地工作,然后接受死亡召唤,迎来自然降临的"大限"之日,坦然离世,这是他们的一辈子。现在的日本,虽然依旧有人保持着这样朴素的生活方式,但伴随着经济的高度增长,我们的生活方式确实在发生着急剧的变化。家庭主妇们与过去相比,可以节省下大量的时间和精力,从平均寿命来看,女性更是有望达到80岁了。

对于长寿这件事,可以打个比方来说明。本来大家都准备好跑5千米的比赛,在赛跑过程中却得知变成8千米了。明明以为4千米跑完后只剩下最后1千米了,现在发现还要继续跑4千米,一下子不知如何应对。接下来该依靠什么力量跑完全程呢?这样的不安袭向现在的中年人。更何况,这个赛跑的终点就是我们谁也逃不脱的死亡。中年犹如马拉松赛程中的折返点,从这里开始,我们必须做好准备,因为死亡就是终点。

人到中年,如何生存?为何生存?成为更加突出的问题。刚结婚的年轻夫妇,为了自己的爱车,为了自己的新房,或者为了孩子的教育,全力以赴地努力工作、生活,抬头一步步向前走,对他们来说比什么都重要。而进入中年以后,不管是喜欢也好,不喜欢也罢,在我们的内心深处,怎么也绕不开死亡这个开始冒头的问题。认知死亡不是一件愉快的事,所以大多数人会抱着至今以来同样的人生观,认为要寻找比以前更好的生活状态。特别是女性,对此更为注重。她们回顾自己的人生,觉得有太多想做而没做的事,有太多没有达成的愿望,紧迫感油然而生,于是会突然决定走入社会工作,或者去哪里重新学习等等。

如果事情发生在那些对此认真思考并努力实施,觉得人生因此充满乐趣的人身上,这确实是件值得赞许的事情。但像刚才例子中的 A 女士的情况却有所不同,由于她一直是个自由职业者,有丰富的社会体验,作为一个对事物敏感,思虑过多的人,问题的解决就并非那么简单了。因为这关系到人的生存和死亡这两大最本质的问题。当 A 女士情绪变得时而感到不安,时而感到不满时,当然就更无法清楚地判明眼前的问题了。

关于这个问题,男性与女性之间有很大差别。男性一方的大多数人,因为工作繁忙,常常是精疲力尽,所以并没有把这类问题放在自己的思考范围内,他们觉得没必要在这类问题上过多纠缠。就像 A 女士的丈夫那样,每日里忙忙碌碌地工作,就认为生活充实而幸福。而在女性这一方,有着充裕的时间和精力,自己想做的事情却没有去做过的想法变得强烈起来,女性们通常会持有这样的意愿,她们认为现在这个节点,正是可以勇敢尝试为自己的人生而活了。像 A 女士和她丈夫这样一对夫妇,如果冲突发展到最大化,很可能是妻子突然提出希望离婚,丈夫对此则是怎么也无法理解,认为妻子根本就是不可理喻。最近,像这样的案例变得相当多了起来。

夫妻间必要的再婚仪式

　　幸好 A 女士的情形有了些转机，事情是这样的：当 A 女士越来越无心打理家务的时候，有一天，晚餐做得晚了，丈夫对此出声抱怨，A 女士也毫不让步地顶了回去，这时女儿突然在旁插嘴说，爸爸好可怜！这让 A 女士又惊又痛，觉得不光是丈夫，竟然连孩子们都对自己这般冷漠。再也无法忍耐的 A 女士冲出了家门。离开家后她不知往何处去，这时想到有位独身的女同事，工作起来精明干练，给人很明快的感觉，于是想到去向这位女同事求教，若对方方便的话就借宿一晚。

　　对于她的不请自来，女同事显然感到被打扰了。A 女士觉得这个同事与职场上见到时判若两人，样子无精打采，住处环境也是乱七八糟，看似无心整理，女同事浑身上下传递出来的清冷寂寥感让 A 女士大吃一惊。眼前的景象，让她分明感受到了一个人生活的严峻和辛苦。尽管如此，A 女士还是倔强地找了个酒店住了两晚。回家的时候，虽然面子上过不去，但丈夫和孩子们的温暖态度，让她的尴尬和怒气都烟消云散了。

　　虽然发生了这件事，但也并非说 A 女士就此立刻可以融入幸福生活了。如之前所言，A 女士所抱持的问题，是必须用漫长的一生去解决的重大问题。不过，经此一事，A 女士不再像以前那样，觉得是丈夫和孩子们的原因才使自己变得如此痛苦的,同时她也放下了一个人生活会更简单容易的天真想法。

她想去同事家借宿的那一晚,贸贸然去敲开对方房门的时候,对方曾经对她冷冷道:"你不要觉得女人一个人独自生活,就好像什么事都可以马上搞定似的。"这句话犹如醍醐灌顶一般刺激到了 A 女士。虽然同事对于她的天真期待用嘲讽的语气作了回应,但她却从这句话中意识到,与拥有家庭就要在某种程度上被家庭束缚一样,一个人的生活也同样有一个人的困境。

受到妻子"离家出走"的冲击,A 女士的丈夫也开始重新考虑两人的生活状态,夫妻之间的话题也比以前更深入多样了。那么,对于这对夫妻的问题究竟该给出一个什么样的答案呢? 在我看来,即使到现在,依然是谁也无法给出明确的回答。A 女士夫妻经过认真坦诚的沟通后,如果分别找到了适合自己的人生道路而分道扬镳,这自然是无可厚非的事。但也有可能,在找到这条道路之后,两个人通过合作,互相发现对方身上以前未曾注意到的方面。一旦夫妻之间这样做的时候,就已经代表了他们迄今为止的夫妻关系发生了新的变化。

当我们一旦决定改变心意的时候,会以"脱胎换骨""如获新生"来表达这种心情。与此相似,对于夫妻而言,中年时期的离婚和再婚等事情也都具有这样的象征性意义。所以我对有类似 A 女士这样经历的人,经常会以玩笑的口吻说，你们不举办一个"再婚仪式"吗？或者，我也会推荐他们夫妻来一场再婚旅行。作为漫长婚姻生活的一个折返点，他们需要再次从内心出发，再次确认两人在未来人生里是否可以同甘共苦，相互扶持。只有这样，才能真正跨越中年危机。

之前所说的事例已经清楚地表明，夫妻的危机不仅有直接来自夫妻之间的，也有来自孩子或者父母长辈的。如果夫妻两人能够携手同心，勇于直面解决这些问题，那么在这样努力的过程中，夫妻之间的关系就如前面例子中所描述的那样，可以在不知不觉间发生改变，"再婚仪式"也有了顺利举行的机会。明白了这个道理，我们回过头来再看 B 先生的案例。孩子拒绝上学，这虽然让 B 先生夫妻陷入了深深的苦恼和困惑中，但如果我们从另一个角度去理解，其实孩子是担当起了 B 先生夫妻再婚仪式的中间人的职责。

爱、结合与可能性——阿尼玛和阿尼姆斯

爱与性

要定义爱情是件非常困难的事。因为爱情就如同人性其他的基本要素一样，不可能简单定义。假如在这里我们把爱情限定为异性之间的情感来思考的话，难以否定，"性"就是与爱情紧密连接的那个部分。

曾经有段时间，柏拉图式精神恋爱被大众追捧一时，当然现在已经完全不流行了，因为人们已经清楚地认识到，爱与性是密不可分的。当初弗洛伊德指出，性不仅存在于异性之间，在父母与孩子的爱中，也作为一种动因在发生作用，那时的人们受到强烈的冲击，为之骚然，并出现了众多反对的声音，但人类发展到现在，这个理论已经成为高中学生都可以接受的常识了。

如果把性作为思考爱的基础，考察此中发生的现象，就会发现最重要的是男性与女性的肉体结合以及生孩子这两件事情。那么我想是否可以换一个比较抽象的说法，即，性是对结合的希求，是对可能性出现的期待。而我认为这两个主题，无疑是爱情中最为本质的两个要素。

关于爱，在以往人们的过度渲染下，人们的脑海中都烙下了"纯洁无暇"的印象，所以当年弗洛伊德将爱回归于肉体呈现给大众，这种刺激对于当时的人们显然是必要的，不

过今时今日,可能又到让我们重新强调在性的结合中伴随精神存在的必要性的时候了。但关于这点的讨论我们暂且放一边,我还是想先聚焦于之前提到的两个主题,从对结合和可能性的期待来聊聊爱情。

所谓"结合",当然有将不同性质的事物联结在一起的意思,如果是同类性质的事物集中在一起,就不用以结合来强调了。正因为有了各种不同性质的事物的结合,新的可能性才由此产生。因而性质相差越远,从中产生新的事物的可能性也就越大。不过,这当中为了"结合"的产生,同性质事物作为一种黏合剂般的存在是必不可少的,因为当性质差异过大的事物组合在一起的时候,就只能产生分裂或破坏,很难产生建设性的事物。这是有关结合的一个悖论。

男性和女性就是不同性质的存在。众所周知,男女不论是生理上还是心理上都有明显差别。不过,说到男女心理之间的差别却有意见分歧。"男性追求荣耀,女性追求爱情。"既有像巴尔扎克这样,对于男女心理层面的差别断然认同的人,也有主张男女的这种差别是由"社会制造出来的"人,比如像波伏娃等。在此我们暂且不去理会这些言论是否正确或恰当,但必须承认的一点是,对于普通人而言,通常被称为"男子气概"的心理属性以男性居多,而被称为"女性魅力"的心理属性大多是女性。

然而精神分析学家荣格提出的理论是,男性也在无意识中拥有"女性魅力"这样的属性,女性也同样在无意识中具备"男子气概"的属性。荣格是通过他所接触的众多患者,特别是在对他们进行梦的分析后得出这个结论的。为了治疗,他使用了梦的分析,因为他认为我们在梦境中,认可了日常生活中意识不到的无意识中的可能性。荣格通过对众多人群的梦的研究发现,在男性的梦中会有某种女性形象对他们具有某种特殊的作用,并关注到对女性而言,男性形象也产生着深刻的意义。于是他假设在男性的无意识里存在着女性形象的原型,并以"阿尼玛"(拉丁语,意为灵魂)命名,女性的男性形象原型则称为"阿尼姆斯"(阿尼玛的男性型)。

阿尼玛

关于存在于男性内心深处的女性形象,自古以来就有无数的文学家描绘过他们心目中的这个形象。歌德文字中赞美的"永远的女性",就是个典型。在此必须强调的是,人们将类似这样的"内化的异性"向外界投射时,就会在现实中对某个异性怀有炽热的情感,这就是恋爱。当我们遇到与心中存在的阿尼玛像感觉相符的人——这种事情以错觉为多——就会被难以抵抗的魅力所征服。由此,对于无限的结合的希求就产生了。

阿尼玛是和男性心中的女性化的一面联结在一起的。即使是平时行动积极强悍,在严酷环境中生存的男性,一旦阿尼玛在心中开始产生作用时,就会变个样子。这就好似,本该是强壮的男性突然变得胆怯起来;往常总是正颜厉色评判别人的男性,突然会对某个人和颜悦色地给予赞赏。这种时候,通常就是这位男性的阿尼玛已经投射到了某个特定的女性身上。别人可能会认为,都是因为这位女性,他才变成了这个样子。尽管事实上,是这位女性因为这位男性各种温柔的"甜言蜜语"的攻势,而改变了对他的看法,但看起来却好像是这位女性的诱惑和鼓动,使得这位男性有了极大的变化。对于这个变化,把它看作是原本就属于"内化的异性"所引发的作用,才是更为恰当的。

有的男性对"内化的异性"毫无觉察,他一心祝祷着与那位被投射的女性结合并为此实施行动。但是,当他好像完成了这个愿望时,大多数时候会发现他所追求的这位女性并不是他心目中的那个阿尼玛形象。实际上,这世上不可能有与内化的阿尼玛形象完全相似的女性,所以这也是理所当然的结果。其实在这里,我们必须谋划的真正的结合,应该是与"内化的异性"的结合。但这确实不是那么容易实现的。

但也存在这样的男性,他们与其说是谋划与阿尼玛的"结合",可能不如说被阿尼玛剥夺了主体性更为适合。这些被阿尼玛附身的男性,言行举止女性化,就是人们俗称的"娘娘腔"。这样的男性往往性格优柔寡断。阿尼玛有着"联结关系"这样一个功能,这一点,我之后也会提到。被阿尼玛附身的男性,当要决定什么事时,那些通常不会被注意到的种种琐碎细微的关系也会浮现于脑海中,这使得他们在做决定的时候,会不由自主地被这些关系所牵绊,让他们舍不得割裂这些关系,以至于变得优柔寡断。

一旦体验到被阿尼玛附身的可怕,男性会切断与阿尼玛的关系。目前的状况就是,有很多日本男性完全割断了与阿尼玛的关系。对于他们而言,妻子变成了"妈妈",完全失去了作为阿尼玛的魅力。但从另一方面来讲,对于他们而言,在日常生活中除了妻子以外,也没有其他可以投射阿尼玛形象的女性。我之前说过阿尼玛有着联结关系的功能,这种功能,除了能够联结精神和身体、雅和俗这类关系以外,有时候也会将一些出人意料的关系联结在一起,而这可能会导致对日常生活的冲击与破坏。比如,想象一下这个场景,一个平时只顾埋头于工作的刻板的公司职员,对一位酒吧女郎神魂颠倒。他决心要体验这份他在这个世界上从未见识过的魅力和狂热,有可能为此负债累累,连工作都要失去。不过,与此形成对照的是,那些与阿尼玛完全切断关系的男性,虽然过着按部就班、循规蹈矩的稳定生活,却无疑也失去了作为人的生活的激情和乐趣。

阿尼姆斯

由于现代社会具有认为男性化比女性化更有价值这个显著的倾向,所以女性的阿尼姆斯有着比男性的阿尼玛更为重大的意义。就像之前所说的,日本大多数男性的生活与阿尼玛没有什么关联,但现代女性,却很难无视阿尼姆斯的存在而生活。女性内心中男性化的那一面,会不断持续地发出这样的声音:"女人和男人又有什么不同?""我虽然是女人,但我根本不输给男人!"但是,就如世上的大多数男性会将自己的阿尼玛排除在外一样,男性对于女性所在意的阿尼姆斯的存在也同样会心生不快。这就使得女性很难寻找到可以将自己的阿尼姆斯投射的异性对象,所以,她们中的大多数人会将心中的阿尼姆斯附身于自己。

被阿尼姆斯附身的女性很喜欢发表自己的意见和主张,而她们发表的意见通常乍一听很有道理,可实际上又有些脱离现实,以至于常常将原本逻辑清晰的事情弄得不明所以。不论是被阿尼姆斯附身的女性,还是被阿尼玛附身的男性,都很难拥有真正的爱,不过有意思的是,像这样的两个人,却可能组成一对倒错的伴侣。

当女性的阿尼姆斯变得强大,就会敌视母性的存在。这就使得对待所有事物都报以宽厚包容的母性功能,与对所有事物都采取区别对待的阿尼姆斯的功能,很难平等相处,往往形成对立的两面。

对于女性而言,阿尼姆斯给予了她们丰富的认知力、决断力、行动力等等与外部世界连接的能力。而男性却容易过于热衷追求外部世界的荣耀,而切断与自身内在本源的连接。这个时候,阿尼玛起到的作用,就是带领他们走向内心更深层次。与此相对,阿尼姆斯则是将与自己的内在紧密连接的女性,引导向外部,阿尼姆斯的作用,就是给予这种内在能量一个外在的具体形态。

女性中也存在着与阿尼姆斯完全无缘的人。像这一类的女性,在生活中,她们从没有自己的主张,因为她们的所有行为,都围绕着满足男性的愿望,所以很容易接受和认同来自男性阿尼玛的投射。从女性角度来看,这些人毫无个性可言,可谓是乏味无趣,然而她们却意外地吸引许多男性的目光,其秘密正在于,类似这样的女性,如果不与哪个男性在一起,就完全失去了其存在价值,没有了男性,她们立刻就变成了一个魅力尽失的女性。由于按照这样的方式生活,某种意义上确实能让女性活得轻松安逸,因此现在有相当数量的女性就是以这样的方式生存着的。然而上述的这类女性,人到中年却突然第一次意识到自己寄生似的生活状态,阿尼姆斯开始觉醒。但往往因丈夫的形象与内在的阿尼姆斯相差甚远,实在无法投射在丈夫身上,于是无法实现的愿景就只能寄望于自己的孩子。教育狂妈妈的背后,通常都存在着一个在阿尼姆斯考试中落选的丈夫。

阿尼姆斯赋予了女性语言表达能力。女性由于阿尼姆斯的作用,具备了逻辑明确的判断力和敏锐的批评力,而女性本身具有的丰富的感受性,也因为阿尼姆斯而能够更为睿智地表现出来,传达给他人。然而,当女性把阿尼姆斯所具有的批判性语言投向自己时,她们会陷入无所作为的状态。这是由于这类批判性语言的严苛,使得她们认为做什么都是毫无价值的。女性像这样的无所作为状态,在外部看来却往往给人"温顺乖巧"的感觉,所以男性会因此误解而与这类女性结婚,婚后才惊讶地发现自己的老婆原来并非自己以为的弱女子,竟是个固执而有主见的人。

实际上,由于阿尼玛和阿尼姆斯的存在,两个人的男女关系衍化成了四个人的复杂关系,因此,男女之间的关系,有着比我们能够想到的更困难、更难以理解的部分。当男性阿尼玛化时,女性则阿尼姆斯化了,这时候如果碰巧听到双方的对话,往往会明显感到这对男女的性别已经完全颠倒了。

超越投射

在前文中我已经阐述了,男性和女性是将存在于自己内在的异性投射到对方身上而产生恋情的这一观点。但所谓的爱情难道就只此一种情感形态吗?事实上,在我看来,恋爱中的投射阶段,不过是在这段感情开始的初期,而他们的爱情究竟会结出怎样的果实,则会在他们彼此成长的过程中不断发生改变。

在恋爱中的投射阶段,我们总是被无法解释却又无可抑制的激情所左右。虽然这种情感很难用明确的言语去解释,但这一阶段的恋人们总是会经历这样强烈的情感冲动,他们无法压抑自己对对方的深爱,控制不住地想要跟对方见面。在这一过程中,倘若这对恋人各自心目中的异性形象与实际交往的对象之间南辕北辙,那么他们的这段感情就可能以失恋告终,又或者是在经历这段仿佛燃烧般的热恋期后,急速地冷却下去。当发生这样的情况时,那些只是指责埋怨自己对象的人,往往无法从这样一段感情中有所收获,而那些经历了这样的恋爱后,从中意识到存在于自己内心的阿尼玛或阿尼姆斯,并尝试着接纳他们作为自己的一部分的人,则会在这段感情中获得人格的成长。我们将这种成长称为"投射的回收",可以说,能够做到这一点的人,通常即便是失恋了,他们也能从这段经历中收获爱的力量,并以此引发出自己更多的潜能。

恋爱中最为理想的状态,是通过热烈的相爱,双方都在这个过程中反复投射自己的内在并不断回收这种投射,然后互相帮助对方完成人格的成长。这时候,尽管两个人可能不会再感受到如同爱情刚开始时那样的激情,但他们之间会产生一种更为沉静但深刻的爱情的纽带将彼此连接。这样的两个人已不再是单单作为一对异性情侣而存在,他们之间的纽带让他们就像是两个共生的人,彼此相辅相成。这样的爱情,即使已经不再能够让人感受到伴随着投射而来的强烈的情感激荡,但人们在这样的情感纽带中,总是能发现自己新的可能性,并体会到它们被逐一实现的长久而稳定的喜悦。

即便是拥有了这样的关系的两个人,一旦懈怠了对于这段感情的维护,他们的关系同样会陷入一潭死水的境地,由此就会引来感情的倦怠期。人类这种生物就是如此,一方面他们总是在寻求安定,但另一方面他们又总是按捺不住对于变化的渴望。像上述的情感危机,相信绝大多数的夫妻都经历过,而不可思议的是,假如两个人在这种时候能够再一次为这段感情付出努力,那么通常他们之间的纽带将变得更为坚韧牢固。人们在选择自己所爱之人时,可能是超越了自己的主观意识做出判断,而这种判断里往往孕育着许多不可思议而又未知的可能性。人们为了跨越情感危机所需付出的努力也总是惊人的,但从中可以收获的体悟,远非当初在投射时所获得的激情可比。

就如同某种意义上,人的一生需要经历几次的死亡和重生,夫妻之间的关系,大约也有必要象征性地经历离婚以及再婚这样的重大事件。一个人只有发自内心地不想与某个人分离,才会懂得如何拼命地付出努力去维护两人的感情,也只有这样,他才能在这段感情经历中体验到如同离婚和再婚般的感受。倘若一个人总是顺从自己当下的心意,和任何人都愿意建立一段关系,那么我想,这样的人也许就只能永远追着自己内心的投射而奔走,却无法获得内在的、具有象征意义的成长过程。想来,没有经过一番苦恼和努力,人是无法真正成长起来的。

像这样的爱的关系一旦能够确立的时候,也许确实会让性在这段感情关系里变得无从进入,但这种情况和那些美其名曰"纯洁的爱情"因而压抑性欲望的关系是全然不同的。毕竟,让我们这些凡夫俗子去克服和超越我们从未经历过的事物,是绝对做不到的。

第四章

纵向社会中的成长烦恼

"场"的伦理观和个体的伦理观

"长官"的受难期

现代日本堪称是那些职位后缀为"长"的人的受难期。在过去诸如校长、分店长、社长这类职位后缀是"长"的人物，似乎每天只要稳坐在宽敞舒适的办公室里就算是工作，但如今这样的工作姿态行不通了。

在我们刚刚进入职场的那个年代，这些"长官"人物大多还颇具威信。他们可以随意地使唤自己的下属，旁观下属们忙忙碌碌，自己却能和客户喝着茶、聊着闲话，又或是在自己办公室里优哉游哉地观赏喜欢的盆栽，可以说，在那个时候，这些上级的姿态堪称是高高在上。如此一来，那些进入学校当了教师的人，就希望自己有朝一日能成为校长，而那些在银行工作的职员，则会为了能成为银行的支行行长而不断努力奋发。但当他们真的有一天升到了自己期待的职位时，却发现当了上级的日子和自己曾以为的大相径庭。

其中最大的一个不同点在于，如今的下属们已不再像过去那样，不管自己让他们做什么都会老实照办。他们不仅不再言听计从，甚至会对自己的指示提出抗议，这就让上级在如何指挥下属的问题上感到极为头疼。

我因为从事心理咨询的工作，经常会接待许多患有神经症的来访者,其中不少人都是那些职位后缀是"长"的人物,像是处长或是科长这类职场当中的上级。在众多的案例当中,有一个非常典型的案例,是关于某个小公司的社长的。

在决定全体人员一起去哪里旅行时,一个年轻的新职员突然表示这样的集体旅行很没意思,自己并不想去。当社长告诉他"既然大家都准备去,那你也应该参加"时,这个职员却继续说道:"既然您这么说,那我当然是要服从命令的了。不过这样一来,这次的活动对我来说就只是公司安排给我的工作了,请帮我把这次旅行算作超时加班吧。"尽管社长强调这次的旅行是想让大家去放松游玩,但这个职员仍旧坚持认为,如果真是要去放松游玩,比起和公司的同事一起去,他更想去约会。

事情到了这一步,这位社长意识到他很有必要和这个新职员好好聊一聊,于是便让他跟自己到了办公室,彼此坐下来交谈,在了解了这个职员的意愿后,社长开口道:"你想说的意思,我已经很清楚了……"只是他的话还没说完,这个年轻人就迫不及待地说:"既然您已经明白了,那就请按我说的来处理吧!"社长被他突然地插话打乱了步调,一时竟不知道该怎么办了。

我时常听闻类似于这样的事情,而在多数场合下,当这些老一辈的人碰到像这样任性的当代年轻人时,都只能对他们不顾他人、只想着自己的要求叹气让步。现在的年轻人总是被指责批评，认为他们都自我主张过于强烈，却不考虑他人的感受，又或是想法总是只有利己的那一面。而就上述的这个案例当中的情况来看，从一个理论性的视角来思考的话，说不定确实是这位年轻职员所提出的观点更正确。因为强行要求每一个人都去参加所谓的"放松游玩"的旅行，的确是一件矛盾而不可理喻的事情。从这个年轻人的角度来看，这次的旅行就是社长想要使用自己的权力，通过强制要求全体参与来剥夺员工的自由。

像"现在的年轻人啊……"这样的感叹，大概从人类历史开始的时候起就已经存在了。甚至可以说，年长者和年轻人之间的紧张关系，不仅有它存在的必然性，同时也有它存在的必要性。但最近这些年里出现的不同世代间的隔阂问题，其严重性却远远超过了以往存在的不同世代间的紧张关系，应该说，现在的年长者和年轻人都将对方视为了指责批判的靶子，彼此之间的不信任感和质疑情绪已然超过了应有的度。

像这样严重隔阂的产生，不仅仅只是源于世代不同所造成的代沟，可以看到，这当中存在着的伦理观的对立，是更深层次的问题。由于当今时代人们的伦理观正处于逐渐改变的过渡阶段，这就导致在职场中，那些职位后缀是"长"的人们，面对自己应该负责的职务和承担的权力范围变得不明朗的情况，碰到那些发出反对声音的年轻人，就变得不知所措起来，并因此陷入迷茫和苦恼。

现在的人们往往忽视了产生这种隔阂的根本原因——即双方伦理观的对立——而片面地去看待这种隔阂问题，一方批判如今的年轻人都是利己主义者，而另一方则认为那些管理层不过是在滥用自己手中的权力，因而产生反抗心理。然而事实上，这样看待问题的方式，以及互相指责的态度，都会让人们错过对问题本质的把握。一旦人们在看待问题时，不能得出建设性的结论，那么就只会使彼此之间的矛盾和隔阂越来越大。

"场"的伦理

日本的伦理观，更确切地说，是限定于出生在 1935 年前的一部分人从上一代人那里继承而来的观念，而我将之称为"场的伦理"。如果用一句话来解释这种伦理观，那便是，它是用于维护自己所身处的"场"①的平衡状态的一种至高的伦理观念。关于这种伦理观，我认为还是通过具体的举例说明更能让大家清楚了解，因此下面想举一个简单的例子。

---

① 场，是指个人所属的地域、组织、职业团体等。这一概念出自中根千枝先生所著的《纵向社会的人际关系：单一社会的理论》一书。此书自 1967 年由讲谈社出版发行以来，影响深远，作为日本社会论的不朽名著不断再版，至今仍在日本畅销书排行榜上。书中阐述日本社会的人际关系，认为日本社会与以个人主义和契约精神为根基的欧美社会有极大差异，强调"场"的"里"和"外"，这种强烈的"里""外"意识成为日本社会结构中最本质的部分。中根先生将强调"场"的组织或社会称为纵向组织、纵向社会。

这是我在美国留学时的经历,我受邀去参加派对,当被问到想要喝什么的时候,我心里条件反射般出现的第一个念头就是"什么都可以",但我很清楚在美国这句话称得上是一句禁语,于是我的理智发挥了作用,让我能够做出恰当的反应,我告诉了对方一种饮品,而大多数情况下,这样点的东西往往和前面一个人点的是一样的。

当我们认真审视这种情况下的自己的内心时,我们会注意到,那时我们心中很难产生"我想要喝点什么"的欲求,唯有不想在人群里显得太过特立独行,又或是不想因为自己的话打破当时场内的平衡、扰乱现场氛围这样的顾虑左右着我们的行为。虽然为了解释清楚人们的心理状态,在这里进行了如此啰唆的说明,但所有有过这种经历的人想必都明白,像这样的心理活动都是在一瞬间完成的,这就如同条件反射。正因为如此,我不由得感叹我们真是经受了完美的训练,才会练就这种条件反射。

与之相对,美国人能够毫不犹豫地表达自己想要的是什么,假如他想要的东西当时没有的话,主人方就会明白地告诉他这一点,而他也会毫不尴尬地点另一样东西作为替代。像这样的交际沟通在美国是如此习以为常。这是因为在美国,相对于"场"的伦理,他们已经确立了"个体"的伦理这一观念,因此每个人都可以将自己的欲求畅所欲言,然后在各自都表达清楚了自己的意愿后,在这之间进行调整,寻求共识和平衡。

当然,尽管我在这里将"场"和"个体"做出了如此简单的区分,但实际上日本人在顾虑着场的平衡的同时,也在尽可能地满足每个人的个人欲求,而美国人在主张尊重每个人的个人欲求的同时,也不会忽视对于全体的照顾。因此,最重要的仍旧是两国人之间这种根本上的意识的不同。

之所以没有将这样的对立解释为个体和集体的对立,而是选择了用"场"来描述和说明这种现象,是因为有其必要性。当我们提到集体的时候,是以个体作为其对立概念为前提的,由此人们经常会将集体当作是许多个体的集合。而我想要说明的现象是一种更加暧昧的集合,那是一种当几个人聚集到一起,在他们之间就会自然而然产生的一种能量场,这种能量场并不是个体聚集到一起自发创造出来的,相反,当个体进入到这个能量场当中,每个个体的存在反而会被这个"场"影响,变得模糊暧昧起来。

比如说在发生了一场车祸的情况下,假如双方都遵从"场"的伦理,肇事司机和受害者双方都抱着感到歉意的心态和对方商谈,如此一来,在这两个人之间就会自然形成一个共同的"场",在这个"场"中,若肇事司机无比真诚地承认了自己的过失,并且还带着花束去探望受害者的话,作为受害者,在这种情况下,他很难提出诸如向司机索要赔偿金这样容易破坏当下的"场"的平衡状态的要求。这时候,倘若受害者仍旧对肇事司机提出金钱赔偿的话,甚至有可能引起司机的不满,他会忍不住愤怒道:"我已经这么诚恳地认了错,道了歉,你却还要问我索要赔偿金!"像这样的不满对于日本人来说是可以被接受的,但是假如将司机的这种愤怒翻译成英语说给外国人听,想必他们是绝对无法理解的,因为在他们看来,既然已经承认了自己的过失,那么当然就应该交付相应的罚金,这才是"个体"的伦理。

　　当然这并不是说依照"场"的伦理,像这样的交通事故就完全不需要交付赔偿金了,只是在当时那样的氛围下,人们认为实在不适宜做一些容易彻底打破"场"的平衡状态的事。如果这个肇事司机为了付清法律规定的罚金,需要用自己一生的时间去努力工作,那么在这个司机已经非常诚心诚意地承认了自己的过失并且道歉的情况下,受害者是很难再去提出赔偿的要求的。而在欧美,无论什么情况下,向肇事者索要赔偿金是一件理所当然的事情。

　　但是,就像我之后也会反复强调的那样,所谓的"场"的伦理并不存在可以用语言来说明的规约,这就使得对于"场"的平衡状态的判断变得很困难,同时,在这个判断的过程中,会有各种各样的思绪浮动,让人们更难做出决策。针对这种情况,由法律来制约、规定的场合显然要比前者明确、好懂许多。

　　通过上述这样的例子来具体说明后,我们对于"场"的伦理和"个体"的伦理这两者各自的长处和短处就有了更清楚的了解。在"场"的伦理当中,为了维持"场"内部的平衡状态,对于那些场内的弱者就会有所照顾和偏袒。而这种照顾伴随着许多暧昧的尺度和范畴,同时也需要时间来衡量和确立。与之相对,"个体"的伦理对于弱者而言是严苛的,因为它更重视效率。关于"个体"的伦理的严苛程度,我想以曾经在瑞士留学时的经历作为例子,如实记录在此,帮助读者能够有一个更明楚的认知。

家里长子已经到了上幼儿园的年纪,因此我时常会去幼儿园参观了解,在这当中我得知瑞士的小学不仅有留级的制度,甚至还有让小学生留级到幼儿园的情况,这令我感到相当震惊。我告诉他们这在日本是绝不可能的事情,当时幼儿园的老师回答我的话令我印象深刻。他说:"日本的教育难道是这么不近人情的吗?"我觉得他所提到的"人情"这个词,非常有意思。相对于在"场"的伦理中,让那些学习吃力的孩子也尽可能升级的人情味而言,在"个体"的伦理中,让那些不擅长学习的孩子留在他们适合的年级里才是一种体谅的行为。在日本,哪怕是那些主张个人主义和自我独立的人,大多都对"个体"的伦理当中存在如此严苛的部分一无所知。

"觉察"的能力

在"场"的伦理中,最重要的一点就是要融入当下的"场"之中。一旦进入了这个"场"当中,只要不去做一些会扰乱场内平衡状态的事,那么哪怕是再弱小无能的人,都能够得到安全性的保障。好比日本的大学容易毕业,以及日本公司实行的终身雇用制度,都是建立在这种伦理观之上的。就如同大学的入学考试难度极高所显示的那样,真正的难点正在于如何融入"场"当中。从我们还是孩子的时候起,想必就已经多次经历过努力靠近对方,希望被接纳却不得其法这种难事了。

暂且不论入学考试的情况,想要被一个"场"接纳的难点就在于这当中并不存在特定的规约,不仅如此,能否被接纳本身就被"场"内感性的主观判断所影响。比如说,一个人明明已经在某一个部门工作了两年之久,却仍旧有可能不被这个部门的其他人接纳进他们的"场"之中,而这件事对一个人的打击程度,想必不是亲身经历过的人是无法理解的。如果一定要将能够被"场"所接纳的条件用语言来说明的话,那么我认为"完全将自己交托"和"觉察的能力"便是其中必备的条件。

将自己全盘交托,同时敏锐地觉察到"场"当中的细微动向和氛围,正是对于这个"场"的忠诚的表现,而如何将这种忠诚心不动声色地展现出来便是能否被接纳的关键所在。在以"个体"的伦理为基础形成的集体当中,如何积极主动地将自己的忠诚心通过言行表达出来极为重要,但在日本,这种行为一不注意,反而会被认定为是针对"场"的破坏行为,从而被视为威胁。在这种情况下,作为一种非言语的沟通手段,"觉察力"获得高度评价,受到重视。像这样将语言表达——尤其是通过语言表达自我主张的行为——视为一种破坏行为的认知，显然和"个体"的伦理当中为了建立人际关系而尊重语言沟通的态度是对立的。

我曾在国外接受心理治疗的训练，而包括我在内的其他有过国外留学经验的心理咨询师，大多都曾被自己的指导老师称赞过，他们感佩于日本人擅于与患者共情的能力。在他们看来，尽管我们受到了语言的限制——但在我看来，也许正因为有着这样的障碍——我们仍然能够感知并把握患者微妙的心绪变化，因此，指导老师总会认为我们具备成为心理咨询师的资质而予以我们高度的评价。但仔细想来，身为日本人的我们，似乎从诞生的那一刻起就已经开始这种非言语沟通的训练，因此像这样的"觉察力"，与其说是我们具备的一种资质，不如说是一项我们理所当然应该掌握的能力。

在"场"的伦理当中，身处"场"的内部还是外部使人的行为产生决定性的差别，因为那些对"场"内的人充满了耐心和包容的人们，却对处于他们的"场"之外的人们毫无关心。有些人在家里表现得彬彬有礼，但在火车上却会只穿着一条短裤走来走去，这在外国人看来也许很难理解，但这其实就是因为对于这些人来说，火车上的环境便属于他们的"场"之外的部分。日本人身上存在的这类缺点至今已经被多次指出，这种对于"场"的认知使得日本人被认为是一个只有在私下才守礼节，但在公共场合却有失仪态的民族。

但是，像这种关于私下与公众的对立概念，仍旧是建立在以西方思想为蓝本的思考模式上的,因此在我看来,终归和我们想要议论的事物本质有所偏差。就比如说,只要这个人将公众的场合也认作是属于自己的"场"内的一部分,那么他必然会遵守"场"的伦理,做出符合礼仪的姿态来。

从日本人的感觉来说,有时候美国人之间的友谊会显得有些过于冷淡疏离。我在美国大学曾有过一段住学生宿舍的经历,当时住在我隔壁房间的男性在那个学期之后就要退学了,据说是因为在尝试读了一个学期后,他意识到自己能力上的不足,因而决定离开大学。在这件事上最让我感到惊讶的是他的朋友们的反应。他们纷纷表示虽然很遗憾他的离开,但都坦然地和他做了道别。这在日本是很难想象的事。如果是在日本,他的朋友一定会劝说他"再努力想想办法吧",又或者帮他去找老师,希望事情能有转机,而有时候这件事居然真的就被他们办成了,让这个朋友继续维持了现状。

但事实上,如果遵循"个体"的伦理,那么美国人的这种友谊一点也不冷漠或者奇怪。在他们看来,一个人在对自己充分负责的前提下,去尝试了自己的能力后,做出放弃这件事的决定,谁也不应该对此做出多管闲事的干涉。而在日本,一旦形成了一个属于同级生的"场",那么每个在这个场内的人都有义务为了维持这个"场"的平衡状态而做出最大的努力。但在实际当中,确实存在着这个人因为太过无能为力，不得不退场的情况。那么在这种时候，"场"的伦理又是如何运作的呢？此时，能够做出决定的并不是个人——比如当事人本人或是一名教师——而是整个"场"内的所有人在为解决这个问题而努力的同时，各自做出针对这件事的判断，只有当每个人都认可并接受了这个人能力上的不足这件事，他的退场才会被认同。值得注意的一点是，这种认同并非全都是经过了合理的判断从而得出结论的，其特征就在于有些人的判断是完全受感情影响的主观判断。

当"场"内的所有人都认同了他的无能为力后，这个人将离开原本隶属的"场"，这种情况下很重要的一点是，整件事里并不存在一个特定的责任人。这个退场的当事人并没有错，而"场"内的大家也没有错，每个人都尽了最大的努力，但就是……不好。在这个"……"里可以填入各种词语，例如"运气"或者"命"之类的，唯有某个特定的人名是禁止被填入的。

正因为需要进行这样巧妙的仪式，日本的会议自然会越开越长。除此之外，日本人认为会议的时间越长，就越能证明所有人都尽了最大的努力，这同样也拉长了开会的时长。在后文中我也将提到，日本的现状存在着各种各样"个体"的伦理混入"场"的伦理当中去的情况，这就导致会议愈加混乱，而倘若要将会议的结论记录成文案，也无可避免地会变成一团乱麻。很多人在只有自己的时候能够依照"个体"的伦理来行事,言语思想上也能够坚持自己的主张,但当这些人聚集到一起时,往往就会自然而然地形成日本式的独特的"场"。

相对于"个体"的伦理而言,"场"的伦理的优点在于避免了某个特定的人受到伤害,但与之相应的就是,必须花费相当长的时间将这种责任转移并平摊到"场"内的每个人身上。

"场"的力学

维持人际关系中正常的一个"场"的状况,作为一种平衡策略,有必要在"场"中确定完整的顺序。因为当需要在"场"中做出决定时,如果每个人都以自己个体的欲望任意提要求,就无法维持"场"的整体平衡,只有按照顺序从高到低依次发言,才可以规避这样的秩序混乱。

其实这样的情形是最为简单易行的,因为由最高位者的意愿所做出的决定一般可以获得满场一致的同意和追随。当然,很多时候并非如此简单,也有各种各样的意见交汇冲突,而这种时候,确立严密的顺序规则就显得尤为便利了。

极为关键的是,这个顺序的确立,始终是使维持这个"场"的平衡状态这种原则得到施行的策略的产物,因此,它并不是一个人的权力或者能力决定的产物。如果尝试从社会结构的角度审视这个比较特殊的组织状态,就正如中根千枝①曾经明确分析的那样,所谓的"纵向社会"的人际关系就会形成。在这个纵向社会中,维持"场"的平衡状态是其根本宗旨,顺序越是在上层者,守护这个宗旨的责任也就越为重大。也就是说,这样的关系决定了在纵向社会中,对于上层的主张,很难由下而上提出反对意见,但与此同时,上层也难以完全任意而为,独断专行,他们的义务是,心存对下层人们想法的体察和关注,以维持整个组织或集体、社会的平衡——这条不成文的规定,是作为上层必须遵守的。

不过,在这样的"场"中,从个体角度来看确实有很多不合理之处,处于纵向社会下层位置的人们,会以这样的观点和逻辑提出意见,发出批判的声音,但即便如此,通常并不会得到采纳。只不过,上层为了遵循"场"的伦理,通常都以安抚的方式来对待这些表达意见的人们:"你的想法我很理解""你提出的意见非常有道理"……因为这类组织或者集体的构成,是以上下双方互相的情感连结为基础的,直接明确的反对显然会招致对方反感,是断然不可的。但话虽如此,这种处理下层意见的方式,往往会被看作是轻描淡写,言行不一,自然很容易引起下层年轻人的不满,但即便恼怒不平,最终的结局,处于下层位置的人们却还是不得不屈服于这个组织中上司的强权。

----

① 中根千枝(1926—),日本著名社会人类学者,专门研究印度、中国西藏地区、日本的社会组织系统。她是东京大学名誉教授,是该校首位女性教授,日本学士院首位女性会员,也是在学术界获得文化勋章的首位女性学者。

大多数情况下，年轻人都会认为自己是受上司所拥有的权力左右的。因此，尽管他们承认来自权力的管理，但对这种管理仍然充满叛逆的心理。但这无疑是个天大的误解。因为在日本社会中，上司并不拥有西方意义上的所谓权力。这些上司只是遵循着"场"的全体平衡的力学，在这个范围之内显示出自己的威严。他们拥有的是"场"的力学所赋予他们的威信，而不是来自个人的强势。

处于纵向社会下层位置的人们，被"场"的力量重压时，实际上身处上层位置的人们有时也体会着同样的压力。因为作为上层，他们要考虑和关照这个"场"的整体，同样难以完全按自己的意愿行事。比较一下西方的领导者和日本的领导者的职权，对此就会有清楚的了解。在西方，由于领导者和部下之间根据契约有明确的规定，只要在遵从契约的范围内，自己的意愿完全可以达成，当然，如果违反契约也会干脆地被排除在外。而与之相反，在日本，严格意义上而言，领导者不是管理者，本质上更像是"关照者"。

对此毫无意识的日本职场的上司们，好不容易获得了领导职位，却发现很多事情并不像自己所设想的那般顺遂，意想不到的麻烦层出不穷。他们认为这是最近的年轻人过于任性，不受约束造成的，除了无奈感叹也别无他法。这是一件非常不可思议的事情——在日本，无论是上司也好下属也好，全都处在受害者的位置上感叹着自身的遭遇。上司埋怨下属没有职业道德，下属则指责上司滥用权威，相互都心存强烈的受害者意识。

显然，两者实际上都处在错觉中。可以这样说，所有的日本人都受控于这个"场"的力量，是"场"的受害者。由于大家都没有意识到这个非个人性的"场"才是那个加害者，所以每个人都视自己为受害者，人们相互强行演出了一场寻找加害者，互相推卸责任的闹剧。

陷入"场"的结构即是权力结构这个迷思的人，他们为了反叛这样的权力而脱离这个集团，一心打造新的集团，一种可以遵从自己主观意愿的反权力集团。但正如之前所述，由于没有确立清晰的意识，他们的集团依然会重蹈覆辙，制造出同样的日本式组织结构来。而且，由于需要对抗已经存在的集团，势必要求这个集团有更强大的凝聚力，于是，这样形成的"场"的严厉规则无疑更为强有力，出现了完全超越以往集团的变本加厉的状况。原本以"革新"为目标的新兴集团，撇开他们的主张不谈，从组织结构来看，却反而不得不成为极端保守的日本式组织形式，产生了令人哭笑不得的悖论。

对于"场"的忠诚心

"场"的伦理和个体的伦理，确实是互有长短，各有优劣，难分伯仲。从"场"的伦理来看，有助于弱者和无能者在集体中生存，这个优点之前已经指出过；还有一个优点是，容易集结集体中的成员的力量共同完成目标。而遵从个体的逻辑,由于集体是契约的结合体,所以没有必要履行契约以外的义务和责任。而根据"场"的观点,只要是组织的要求,即使超越个人的义务范围——虽然这样说,但其实在组织之中是完全不存在个人这个概念的——也要竭尽全力,鞠躬尽瘁。

比如,即便超过了工作时间,如果遇到谁有困难就必须相助。这时,如果你按照规定的工作时间离开了,就会被指责为冷酷、自私。而且大多数情况下,这样的指责并不是当面直接的攻击,而是来自"场"中的人们那种难以言喻的态度,你需要做好足够的心理准备,承受被排除在外的冷遇。而如果你没有任何挽回策略,结局就是完全被踢出场外,这几乎等同于死亡。

正因为有这样的状况出现,所以组织中的成员往往具有高度的集结力,显示出在西方人看来极为不可思议的勤勉和忍耐。日本从战败的打击中能够迅速崛起,正是建立在这种社会结构所起到的无法估量的巨大作用力之上。

对于"场"的忠诚心,日本人称为"诚"。这个诚,如果以英文 Sincerity 翻译,外国人很难领会其中含义。这一点,鲁思·本尼迪克特在她的《菊与刀》中曾经详细论述过。日本的军人被捕后,一旦心意已决,就会为了敌国拼命劳作,作者对此深感不可理解,但这可以说是日本人的"诚"的典型事例。这种对"场"的忠诚心,即便这个"场"发生了变化,一旦认定了,就会对这个"场"效忠到底。而这样的"诚",从个体的逻辑来看，认为这是完全的机会主义，也是理所当然的感受。

当对于"场"的忠诚心达到一定的强度，就会形成非常强大的集体，这时，"场"的最上层者，也会被看作是"场"的核心体现者，在这样的组织结构之中，全体人员都会遵从这个人的号令，甚至是牺牲生命也在所不惜地绝对服从，这样形成的集体与极权主义的形态极其相似。但是，这种时候的最上层其实只不过是作为"场"的力量的集结点的象征，而并非真正的领导者。特别是日本的最上层者，即是这类象征。他们也是之前所说的"关照者"，而绝不是真正意义上的领导者。而在西方人看来，没有领导者也没有戒律的强有力的集体组织的形成，除了是怪物或野兽之外，不作他想。

像这样的集体内部，每个成员都具有特殊的平衡感——这种感觉按人们的主观意愿可以称为"诚"——并依赖于此生存，人们从中一步步积累并获得个人欲望的满足。为此，人们必须准确地把握"场"中的各种信息。值得一提的是，这一类信息往往是只可意会，不可言传的。如果无法领会其中感觉上的微妙差别，一切都会变得毫无意义，因此，经常与其他成员见面聚会就成了集体生存中非常重要的行为。

由于被排除在这样的"场"之外，对个体而言是致命的，所以人们都尽己所能参与"场"的集会，在各种场合做必要的露脸,而为此日本人完全成了忙碌不堪的人。集体中的人际交往是至关紧要的工作,人们为此耗费了多少精力、多少心思、多少能量,是完全超出想象的。

这种对于"场"的忠诚心,确实很是不可思议,只要你身处这个"场"中,就会被要求绝对的满场一致性,然而一旦"场"发生了变更,你的态度变更也同样得到认可。对此,山本七平①曾经指出,在日本很多事情和这样一个很有趣的原则相连,就是虽然"决议案无法 100%管束人们",但从"场"的平衡状态这个观点来看,会议是一定要得到满场一致的结果的。

而在这个会议之后,某些成员移动到别的"场",为了维持那个"场"的平衡状态,即使与之前通过的决议完全不同的提案他们也同样必须赞成。虽说如此,倒也并不是说这个人不论在何种情况下都只要无条件赞成即可,而是务必要使自己在这个"场"中必须投赞成票的情况得到前面那个"场"的人们的理解和认可。要得到这样的理解和认可,之前我也说过,这当中含有很多情感的部分,这种时候,这个人必须付出足够的努力,找到能让这两方的"场"都得到共同认可的理由。像这样的状况中,"场"时而狭窄,时而宽阔,在这样的交替重叠之中,通过全体成员的平衡感觉孕育

---

① 山本七平(1921—1991),日本评论家,山本书店店主,是二战后日本保守媒体的代表人物。以笔名 Isaiah Ben-Dasan 发表《日本人和犹太人》一书,一举成名。

出决定性的结论。这一点，如果以山本七平的观点来评价，可能会称赞日本人都是政治天才吧。

顺便再说几句题外话，如果以这个观点来看，比如日本的政党派系斗争，就政治性上而言，我想还是有值得高度评价的地方的。尽管关于派系斗争导致的问题被无数评论家反复批评，这已是众所周知的事实，但是，是否也有与这类缺点共存的可圈可点之处呢？就如我之后也会说到，当日本人在依照"个体"的伦理去行动的时候，因为无法立时有所作为，就更让人有这个感觉了。还有些政党以内部没有党派纠葛而引以为傲，而能维持这种状态的前提是，这类政党一般都是所谓的野党，或者是成员极少的党派。如果是下定决心以掌握政权为目标的党派，那么我认为就很有必要去好好研究，如何有效利用派系斗争的平衡术了。

年轻人的叛逆

一不小心我就有些多嘴多舌了，说的这些玩笑话，说不定会让年轻人们痛斥连连。事实上，现在的年轻人对于"场"伦理的反叛情绪，正在以各种极其强烈的形式表现出来。只不过，他们对于自己的这些言行其实是出于对"场"的伦理的反抗这一点，似乎完全没有意识到。

在我最初提到的那个新职员和社长的例子中，对于年轻人的要求，社长不知如何应对。导致这个困惑的决定性问题是，社长和年轻职员虽然同在一个职场，但两人显然毫无同在一个"场"的感觉。"场"的差异使得两者之间没有融汇和交流。这并不只是年龄差异导致的代沟问题，而是存在更为关键性的断裂。虽然社长在努力营造一个共同的"场"，试图用"你所说的我非常理解"这样的话安抚年轻人，但这样的努力转眼间就被粉碎了。

我之前也提到过，"场"的伦理规则并不是用语言可以说清的戒律。但这样一来，不由得让人要提出疑问，"场"的伦理究竟是依靠什么支持的呢？对此，我前文一直是用"某一种类的平衡感觉"这样暧昧的说法来表达的，不过我认为在这类感觉之中，一定暗含着羞耻感这样的情感。处于上下各守其则的氛围中，个人表现突出，鹤立鸡群的行为是严禁的。当觉得自己破坏了"场"的平衡状态，或是有可能打破平衡的时候，我们内心会感到一种害羞、不安甚至羞耻的情感，这种情感会制约自己的行为。这是一种由情感控制行为的心理机制。日语的害羞一词，用的是"照"这个汉字，可以说是很形象地描述了这种情感——这是要避开日光照射的。而正是像这样的情感反应，支撑着日本的"场"的伦理。

当然，这种现状也是由我们的文化孕育的，从幼儿期开始我们就已经在学习并获得这样的情感了。还有之前提到的"觉察"的能力，也是我们从出生以来就一直被训练的。关于"场"的伦理，鲁思·本尼迪克特认为"羞耻"是其核心构成，并相对于西方文化中的"罪恶"的概念，提出了日本的文化是耻感文化这个广为人知的定论。但我以为,这种罪恶感与羞耻感的对立概念,是在确立个体的独立,自己与他人是分离的、不同的这样一个前提下才能成立的,所以将日本文化称为耻感文化,是否也是一个站在个人主义视角上的论点而有失偏颇呢?

在"场"的内部,自己和他人的区别很是含糊,方才所说的所谓害羞的情感表现,不妨称之为是"对于'场'的罪恶意识"的一种表现,鲁思·本尼迪克特认为它存在于罪恶和耻辱的中间地带,或者说是在罪恶与羞耻分离之前更为恰当。

日本在与美国的战争失败后,形成了一种思维模式,认为这是个人主义打败了极权主义,或者说是民主主义打败了权威主义,于是产生了必须全面改变战前日本的极权主义、权威主义的教育形态的误解。对于孩子的教育失去了自信的大人们,临阵磨枪开始了美国式教育,他们觉得孩子应该在民主的环境中成长,应该尊重孩子的自主性。而在此之前,日本的家庭实际上是最适合让孩子们学习"场"的伦理的一个环境。也就是说,在家庭这个有限的空间里,所有的交流都是可以完成的。因为家庭成员始终身处在家这个"场"中,这让他们在潜移默化中,自然而然地就得到了察言观色的训练。但由于战后接受了美国式教育,日本家庭的建筑结构也发生了改变,孩子们拥有了自己的房间,随之而来的问题是,孩子们的成长过程中却失去了接受"场"的伦理的训练,这让他们在进入社会后,无法融入成人们的那个"场"中。

而更糟糕的是,这些孩子们同样完全没有得到过自主思考的个体化训练。欧美的孩子们为了培养所谓的自主性和责任感,所经历的教导何其严格,但凡去过欧美国家的人都会有所体会。我在上文中就提到过,在瑞士,小学就有留级的制度。另外,瑞士乘坐公共交通工具时,孩子需要给大人让座,因为瑞士人认为孩子正是长身体的时候,每天都精力旺盛,而大人们日复一日地辛苦工作,孩子理应让座给这些大人。

这让我联想到为了给孩子抢座位不顾形象冲进电车的日本母亲,两者的差别不言而喻。在此我也不想一一列举更多的例子了,但日本的教育问题都可以照此类推。

最近日本的年轻人开始有了自我的主张,由于"场"的伦理的首要规则就是"完全将自己交托",因此提出自我主张显然会改变"场"的氛围。然而,仔细听他们的说语,发现这些年轻人所谓的主张,大多都是要求学校、公司甚至国家做出改变,以迎合他们自我的需求,对此我感到十分震惊。自己不主动改变,而是将自己交给环境,然后又期待环境发生改变,这种想法实际上不正是"场"的伦理吗? 个人的责任和能力是有差异的,个体的自我主张得到认可,是以这一严肃的认知为前提条件的。从这一点来看,无视个体差异,主张全体人员都要得到一视同仁的所谓平等的生活态度,可以说还是以"场"的伦理为汤底,只是稍微加了些个体主义的调料，换汤不换药。

只是他们本人显然对此没有任何认知，当他们满脑子认为权力之下民主主张无法伸张时，自然会觉得事事不顺。而即便成功地将被他们视为权力者的领导者赶下台，当他们发现整体情势并没有任何变化时，也只能是目瞪口呆，束手无策。我认为目前我们所积极倡导的大学改革，花费了如此巨大的精力和财力，但收效并不显著，其背后的原因也正在于此。

在革新大旗下聚集到一起的年轻人，他们形成的集体最终又制造了一个没有个性的"场"，这一事实也再次显示出，在日本，"场"的伦理的根深蒂固。就像我之前提到过的，这些年轻人在他们的孩童时代，并没有如我们这样经历过"场"的体验，因此，哪怕他们感受到了这个"场"的温暖、安心的氛围，他们也认定这是"连带责任"所带来的好处。但这种所谓的连带责任，与一个真正确立了自我的个体与另一个同样的个体之间所应该形成的关系是截然不同的。不过如果追踪探究这个问题，就必须讨论关于日本人的自我形成，所以对此我就点到为止了。

不过，在这种连带中得到安全感的年轻人们，有时候也会感受到来自个体伦理的内部压力，本是充满期待的连带关系也因此迅速褪去了玫瑰色彩。他们所爱用的语言"太扫兴了"好像就与这种体验有关。他们自身由于在处理人际关系时，自己也不明白自己依赖的是个体的伦理还是

"场"的伦理,在懵懂无知中,一旦与他人的情感交流突然产生变化,就会在自己与他人之间,甚至在自己内部,体会到分离感,于是做任何事都觉得无法尽兴。

当这些对任何事都提不起兴致的年轻人,知道连集体的温暖都无法解救他们时,感受到莫大的挫折,有时甚至会选择轻生,或者产生无意识地参加死亡的行动。在革新的名义下,众多年轻人不惜流血牺牲。如果将这种状态称为异常,那么这个话题也只能到此为止了,但对于年轻人中出现了急于赴死的倾向,这种现象难道我们没有深思的必要吗?

"母亲般的存在"与"永远的少年"

看着这些夭折的年轻人的群像,让我联想到神话中出现的那个"永远的少年"。神话中的这个少年,拥有令人目眩的无与伦比的美貌,尽管被身为女神的母亲深爱着,最终却无法逃脱在成年之前死亡的宿命,但夭亡的少年会从母神的子宫中再次以美少年的形态重生。在这样一个永恒的循环中,少年永远无法成长为真正的男人。我们常常把大地比作母亲,大地犹如母亲怀胎般孕育着万物,谷物在冬天枯萎,春天发芽,这种循环往复的大自然的规律,便是这个神话的来源。

在这个神话中,"永远的少年"是神之子,是让人仰慕的英雄,是救世主,但也可以说是个极端任性的顽童,且不可思议的是,在这个少年身上,以上任何一个属性都不是完整的存在。少年作为英雄,在他前行的路上一腔热血,义无反顾,却总在目标达成前突然陨落,重新被大地般的母亲吸没。少年如此不惧死亡,甚至是匆匆奔向死亡,想来是理所当然的。因为这是回归母亲的怀抱,因为这是一个重生的约定。

这个"母亲般的存在"和"永远的少年"的形象,可能不会让我们联想到日本的文化模式原型的影子,但从我之前一直强调的"场"的伦理的背后,我认为可以容易地辨识出这个"母亲般的存在"。在母亲的怀抱里,所有的孩子都被平等地守护着,不论做了任何事都不能改变母亲与孩子的关系,母亲一如既往地会救助孩子。但是,孩子如果一旦需要离开母亲,独立自主时,就会意识到母亲的怀抱也是一种沉重的束缚。

心怀冒险、跃跃欲试的少年,离别母亲,渴望在自己的世界中飞翔,他们发出自己的声音,他们去奋斗,他们为心目中的正义而战,但突然有一天,他们仿佛听到母亲忧伤的叹息,于是他们停止了飞翔,猝然坠落。充沛的上升力和缺乏持续性是这些少年们的显著特征。血气方刚,一飞冲天的势头,是多少人都难以抗拒的,但上升之后会怎样呢? 我们已经完全可以预见到,他们的上升和陨落,对事态并不产生任何影响。这些永远的少年们尽管获得了重生,但他们重生前后的意识欠缺连续性,他们抛开之前的经历,选择尝试不同的飞翔，而不吸取经验教训。

我认为这种模式似乎也同样体现在日本汲取外来文化的惯有方式中。流行的风向标指向哪里，人们便随之而动，急急跟随，终于等到上升的势头开始衰落，在稍事休整后，流行又引领着人们追逐起下一个目标来。今天是弗洛伊德，明天是萨特，看似热闹，但那个伟大的母亲的身姿却自始至终站在那里，从没有任何改变。这是因为，从母亲的怀抱中脱离——开始独立自主的真正的创造性行为——这样的尝试，在日本的社会形态中无疑是最危险的。

而在这样的情形之下，稍微有些能力的人，很快就会被赋予关照的职责或者是象征的职责，摆在那些位置上，以维持"场"的平衡。在让有能力者们为此消耗大量能量，无法将精力投入更有创造性的行动这一点上，这种结构的形成，让我强烈感受到了"场的智慧"。

日本是母性文化，与欧美的父性文化有根本差异，这一点我之前已经提到过。但如果对这个论点进行更深入的思考可以发现，在真正的母性文化社会中，社会结构应是种姓制的横向社会。种姓是原封不动地接受"被赋予的东西"，这种体制存在于少有变化的社会中，以横向方式维持着"场"的平衡状态，因此也是极其容易的。与此相对的父性文化，其社会结构是根据能力的差别进行身份、资历的认同，是以此为前提组成的纵向社会。

有关这个方面，中根千枝先生已经做了非常详尽的论述,就不用我赘言了。我想引起大家思考的是,日本的纵向社会,从其特征来看,是不是处于这两者之间的一个中间产物,或者说是两者不可思议的混合产物呢?在以父性原理为基础的纵向社会,个人的能力和努力得到满足和尊重,一跃成龙是被容许的,当然为此需要经得起严苛的考验,它是以个体差异的存在为前提的。在种姓制社会中,被类似于母亲般的体制所保护,上下关系是与生俱来,不可撼动的。而在日本的社会体制中,谁都可以通过自己的努力获得成功这一点与欧美社会相似,但由于是以母性原理为基础的,其根本作用就是所有人的成功都需要以表里不一为代价。在这样的结构组成之中,只有以"永远的少年"的方式活跃一下了。

确实,我想很少有类似日本这样,母亲对孩子怀有如此过度的期待。而在这样的体制中,我也听闻过一些人懂得如何恰当地与"母亲"周旋,善于处理这种关系的人,自然可以逃过这个"母亲般存在"的眼睛,获得令人艳羡的成功,这使得那些无法突破这样的关系,只能在低谷徘徊的失败者显得尤为卑微,容易产生强烈的挫败感。像这一类难以言喻的悲惨与哀伤,不论是在西方社会,还是在像印度这样的种姓制社会中,都很难体会到。

在以母亲般的大地为基盘的日本这个国家,"永远的少年"翻腾跳跃着,小小的国土上国民众多,人们平和快乐地生活着,外人看来这活脱脱就是一方乐土,但身处这个国家之中的人们，如果从各自的主观经验来看，几乎每个人都怀抱着隐隐约约的受害者感受生活着，可以说，这就是这个国家令人不可思议的地方。

但是，我们不能就此简单断言，母性文化向父性文化的发展是进步的趋势，而日本也应该尽早变革为父性文化的社会。放眼当今，美国社会的混乱，似乎正在暗示着父性文化的凋零。必须承认，日本和美国的社会状况有很多相似之处，也存在很多差异，而产生这些异同的原因，都必须归结于"母亲般的存在"这同一个问题，但我认为其背后的历史才是造成两国差异的根本缘由。

相对于我们需要从无意识地生活在"母亲般的存在"的影响下，转变为有意识地直面这一问题而言，美国需要面对的问题则是要重新去意识和感受他们至今为止在无意识间舍弃不顾的"母亲般的存在"。由此我不由得想到，我们的文化模式，是介乎父性文化和母性文化之间的一种存在，这也许也在暗示着可能有第三条路可走，这个出人意料的想法当然来自乐观主义的视角。但是，为此就像之前一直不断论述的那样，我们可以从这个视角重新清楚地认识自己现实中的真实姿态，不再抱有日本已经完全西方化的幻想，也不必采用来自西方的概念或理论的替代品，不要维持已经错漏百出的现状认识，才是最为重要的。

我承认在此以"场的伦理"为思考依据，可能会带来很多模糊、暧昧的概念，但我以为，为了充分了解日本的这个现象,使用这样暧昧的概念和用词对应日本文化中的暧昧无疑是最为恰当的。西方的理论明快直白,这从《菊与刀》中鲁思·本尼迪克特的举例就可大致了解,这种形式当然也很有说服力,但由于主旨过于追求明快直白的缘故,反而很有可能造成论点与现实的脱离。

这样的欲言又止,一言难尽,是日本文化中自古以来的表达方式,当然今后我们需要不断努力将日本文化中的种种暧昧进行语言化的尝试,而以这样暧昧的用词记述本身,我觉得也是一种传递心意的方法。

行文至此,感觉稍微有点跑题了,我想强调的是,对于日本所存在的"场"的伦理的特点,如果根据与其相对的个体的伦理进行评判,这中间势必会滋生并掺杂进混淆不清的东西,这也是现今社会中产生混乱的原因之一。而且基于这样的认知,只会从权力与反权力,保守与革新,诸如此类的相互对立面来看待事态。而当自许革新的一方在伦理观或者是集团体制上,加强保守倾向,将使得这种混乱变本加厉。

如果我们努力把这一层的道理多加剖析、明确,那么成年人与年轻人之间的断层会有所填补,并从现今的混乱之中发现有建设性的思考,我想以此为前提的生活也并非不可能。

而我期待或者说设想的最大的目标——像这样的狂妄自大的言论可能会被人看作是永远的少年的特征吧——是

在父性文化和母性文化，或者是个体的伦理和"场"的伦理之间，找寻到第三条道路，我能够感觉到这种可能性的存在。我想，很多时候，真理就是以这样不同于以往的形式，出其不意地展现出来的。

自我厌恶与心理咨询

乌云密布的心头

　　自我厌恶是很难以控制的一种灰暗情绪。厌恶、嫌弃自己，真是让人无可奈何，束手无策。之所以这样说，因为厌恶的对象是自己，而人永远没有可能逃离开自己。谁都会有非常讨厌或者憎恶的人，因为这个人是"他人"，就这个意义而言，我们还是可以逃开，或者掩饰一下的，但如果这个对象是自己，那就无能为力了。因为我们的所有厌烦、焦躁、坐立不安的情绪都没有了可以宣泄的地方。有时候，当这种情绪实在难以忍耐了，有的人会对着家人或友人发泄一通，只是如此一来，自我厌恶感也随之倍增，更加难以收场了。

　　自我厌恶的情绪高涨时的感觉，就好似煎熬在酷暑的炎热之中，空中乌云密布，既不打雷也不下雨，让人犹如置身于热气蒸腾的笼子里，闷湿潮热得简直透不过气来。这时盼望着如果能下一场大雨心情也许会轻快不少，却往往事与愿违。总之，内心的这种焦躁不安、沉闷郁结却挥之不去的感觉，让人不论看到什么都觉得难以忍受。当处于强烈的自我厌恶中时，有的人会对着自己自言自语："你就是个混蛋！你就是个傻瓜！"有的人甚至会痛打自己。这样的事写成文字，读者看着会觉得似乎是件愚蠢不堪的事，但当一个人被自我厌恶感重重裹挟，类似的情况，对于他们就是习以为常的了。特别是那些处于青年期的人们，若说没有体验过自我厌恶这样的情绪，几乎是难以想象的。

自我厌恶虽然令人退避三舍，但必须承认，这是只有高智能的人类才具有的情感。所谓讨厌自己，首先必须具备认识自己，将自己作为喜欢或讨厌的对象来判断这种对象化的能力。我们无法想象，诸如猫狗这类聪明的宠物会陷入自我厌恶的情绪，我们也发现，人类在婴幼儿期是感觉不到对自己的厌恶的。某种程度上而言，一个没有形成独立自我意识的人，是无法对自身进行对象化认知的。

这样一来，似乎只要是人类就很难逃开这种自我厌恶感的侵袭，但有没有办法回避或者消解这种情绪呢？我由于专职从事临床心理咨询工作，频繁遇到很多带着各种烦恼来咨询的人，常听他们谈到自我厌恶这个话题，也看到很多人因此无比痛苦的模样。我想依据自己作为心理咨询师的体验，就这个问题和大家一起作些思考。

从不自我厌恶的人

很让我意外的是，很多来到心理咨询室的人，几乎是与自我厌恶无缘的。有这样一个案例，一位大学毕业后进入公司工作一年左右的职员，找到了公司派驻的心理咨询师。他的谈话内容是，进入公司一年来觉得这个工作并不适合自己，所以想辞职，自己很讨厌被他人管理，因此想尝试自立,做自己可以独自掌控和支配的工作。他跟上司提出了辞职的想法后,却被上司以各种方式挽留,由于他依然固执于自己的想法,上司便劝说他,无论如何先去和心理咨询师谈一次。

心理咨询师在和他的交谈中发现,这个人比起谈论工作内容,更多的是在叙述对同事们的不满:谁都没有带着明确的目的意识在工作,只是按照上司的指示做着最少量的工作,他们对如何促进公司新的发展没有任何意愿和热情,作为年轻人如果大家都是这样的想法,那么这个社会的将来不是岌岌可危吗?

心理咨询师倾听着他的叙述,发现他对他人的指责非常尖锐,切中要害,当然,也没有感受到他有任何自我厌恶的情绪。而这个人在对心理咨询师倾诉了自己的想法后,也许是对方的倾听让他心情舒畅,竟然做出了延期辞职的决定,并表示想再来咨询。

第二次的心理咨询他如约而至。但这一次咨询,与其说是交谈,不如说更像是这个人的演讲会。他以演说家般的激情对同事们的无热情、无计划等等予以了痛斥,他畅所欲言,口才了得,完全把咨询师当成了听众。但在他离开心理咨询室,走在回家的路上时,心中却突然泛起了自我厌恶感。

自己究竟做了什么?明明是为了辞职去心理咨询的,却完全绕开了这个话题,一股脑地说着同事们的坏话,把上司的叮嘱撇在一边,自己真是做了件蠢事!他一旦有了这个想法后,便开始意识到自己指责同事们的所谓无热情、无计划之类的话,活脱脱就是自己的写照,他说的这个人不正是自己吗?这让他不由得陷入了更深的自我厌恶中。一旦开始讨厌自己,周围的一切也都令他厌憎起来,而他首先发难的厌恶对象就是心理咨询师。对于自己所说的话,对方看上去很热心地倾听着,但什么意见都不给,自己特地跑来做有关辞职的咨询,但两人却讨论起了别的话题(虽然事实上话题的改变完全是他自身引出的,但来访者往往在怒气无从发泄时就将这种情绪投射到心理咨询师身上)。

　　当他再次来到心理咨询室时,便直接询问心理咨询师,对自己的辞职,究竟有什么想法,能给到什么建议;并重申自己的想法是,独立出来做自己可以支配的工作。对于他的这句话,心理咨询师却转头问道:"那请你谈谈你的这个工作自立的具体计划好吗?"到了这个时候,这个职员才恍然领悟到了自己的轻率和任性。自己不断高喊着自立、自立,但对于如何自立却拿不出具体的想法;对同事们的工作态度看不顺眼,但其实自己对工作更是缺乏热诚和进取心。辞职自立,嘴上说得漂亮,其实只不过是想逃离现在需要他不断付出努力的这个局面而已。

　　当他看清现在的自己,领悟到这个事实后,他感谢了心理咨询师,也坚定了今后要以崭新的心情投入眼下工作的决心。带着这样的认知回到职场后，他发觉无论是上司还是同事们，都并不似之前自己所以为的那样毫无积极性，他们都以各自的能力和方式努力做着自己的工作。

这是一个极其简单的案例。但这个案例可以让我们对自我厌恶所具有的一个侧面意义有清楚了解。从这个案例中可以看到，攻击指责他人，缺少自我反省的人，是不会陷入自我厌恶的。与此相比，那些显示出厌恶自己的人，至少是意识到了自己的缺点的。不过，这里有一个重要的关注点是，这种意识与真正的自我认知和自我洞察是不可同日而语的。就以刚才的案例来说，仅仅只是意识到鲁莽的自己是一个十分讨厌的家伙是不够的，而要能对自己的轻率任性的程度，以及对同事们的生存方式等有更明确的了解，并能够由此做出有建设性的判断，这才是走上了自我认知的正道。

自我厌恶，因为卡在自我洞察的前一个阶段，各种情感在这个阶段纠缠不清，所以是一个除了强烈意识到对自己的厌恶感之外，其他都无从下手整理的状态。如果我们一一拨开这些纠缠不清的情感，仔细深入地分析后，就会惊讶地注意到，这些情感中，除了对他人的不忿和憎恶之外，有时候还含有某种优越感。

我曾经说过，自我厌恶是犹如心头乌云密布的状态，其实这样说，也是考虑到前述的种种。如果像刚才例子中的年轻职员那样，在恰当的电闪雷鸣、恰当的大雨倾盆之后，就会身心为之一爽。但如果怎么也等不来雷阵雨,厚厚的云层却逐渐开始散去,闷热的状态将会持续。自我厌恶也一样,有时会出现厌恶的感觉本身莫名地变得淡薄了,却未达到自我洞察的阶段的情况。这将引发比此前更为强烈的自我厌恶。

这种状态其实解答了一个关键点,我们与其逃避自我厌恶感,还不如迎头而上,穿越这道障碍,在冲突碰撞中与自我洞察的能力进行连接。青年期是人格成长发展最显著的时期,在这个时期,人们开始去发现至今为止从未曾意识到的自己内在的多面性。只是在这个不断发现的过程中,大多数人会遭到自我厌恶感的痛击,如果说这是顺理成章的事,我想也并非过言。因为一个总是将矛头对向他人,从没有被自我厌恶压倒过的人,可以断言,是难以期待他的成长和发展的。

想要穿越自我厌恶的硬壁,和某个亲密的人或者是他人倾诉自己内心的这些情绪,是最为有效的方法。就像我所举案例中的那个心理咨询的场面,那个职员对他人感到愤愤难平,当他将自己的种种不满说出来时,也因此高明地将自己放在了旁观者的位置上,成功地让自己具备了一个客观视角。独自一人郁闷难解、焦躁不安时,难以客观地看待自己,大多数人只能自以为是地在原地兜圈。所以与可以信赖的人交谈,真的会让你获得非常了不起的收获。

自己和他人的连接

B 小姐 20 多岁,是某个公司的白领独身女性,同时还是一个非常容易陷入自我厌恶的女性。比如,参加派对或类似聚会的时候,一旦遇到自己唱歌,她只要一想着"一定要拿出最好的状态来",心中就会突然变得厌烦起来,然后顽固地拒绝做所有的事情。当她每每这样做时都觉得自己的行为让聚会变得气氛尴尬,觉得自己很扫兴,但又无法控制自己,于是沉陷在更深的自我厌恶中。对此束手无策的 B 小姐,日常生活中很少碰到能让自己心情舒畅的事情,即使在热闹的派对中,也同样无法驱散阴郁。由于这个原因,B 小姐的行为也变得越来越消极。一旦陷入自我厌恶中时就什么事也做不了,因为担心自己这样的状态,即使是自己想做的事,有能力做的事,她都消极处理,完全放弃了。

B 小姐对同事们的活力从心底里感到羡慕不已。同样是女性,她们快乐阳光,随心所欲地做着自己喜欢的事,其中有位 C 小姐,看上去完全是自我厌恶的绝缘体。当 B 小姐行事消极低调时,C 小姐却是举止行为都高调活泼,并且让大家心生愉悦。说真心话,B 小姐甚至渐渐对 C 小姐越来越看不惯,越来越感到不舒服,但她对此又毫无办法,只能无奈地忍耐。

当 B 小姐终于准备提出辞职时,科长却特地走过来邀请她去喝一杯咖啡。向来客气的 B 小姐本想拒绝,但科长的诚恳态度让她还是欣然接受了这个邀请。在咖啡店中两人聊了一些闲话后,科长问她道:"我的说话方式可能比较单刀直入,但我还是想问问你,你知道你在科室里并不怎么受大家欢迎吗?"B小姐对此当然是了然于胸的,她点头承认。科长用温暖的目光看着B小姐,继续说道:"在科室中,大家可都说你是个随心所欲的人呢!"

望着对此感到难以置信、还沉浸在无比震惊中的B小姐,科长又说道:"你一定觉得很吃惊吧!实际上我也觉得你是完全相反的人。"最为低调不起眼的自己,却给大家留下了最为任性随便的印象,这究竟是怎么了?对于B小姐的这个疑问,科长对她说:"你就当作是个课外作业题,回去好好想一想。"接着,科长又微笑着说出了另一件让她深感意外的事,"C小姐认为你做事太过随心所欲,因为这个不愉快,她也对我说想要辞职"。走出咖啡店时,科长说:"在我这个科长眼中,你们两个都是很不错的员工,所以我就把这件事当成你们两个都要去解决的难题交给你们。"

B小姐震惊不已。但是,不可思议的是,这次她却并没有陷入自我厌恶中。因为科长毫无顾忌的言谈,反而让她感到心中有些难以言喻的痛快。而且,科长虽然毫不留情地说了自己的痛点,但科长也认同了自己的优点,这让她明白,对方是以温暖的态度在关注着自己的,这种温暖给她注入了勇气。B小姐就科长给她留下的"课外作业题"反复思考,对C小姐的言行举止也比以往观察得仔细,并且尝试将之与自己的行为做了比较。为了解答这道"课外作业题"，她还鼓足勇气与 C 小姐搭话闲聊，连模仿 C 小姐言行的事都尝试了。

过了一段时间，科长又邀请 B 小姐喝茶。这次科长夸道："看来你这道课外作业题已经完成大部分了。"B 小姐给出的答案是，"应该做的事却不去做，这不是低调克制而是任性自私。""总是想着要符合别人的期待，这样的言行没什么值得夸赞的。"

"回答合格，你们都合格了！"科长非常高兴。他还告诉 B 小姐，实际上类似的"课外作业题"他也抛给了 C 小姐，对方的回答是，"我发现，其实 B 完全不是一个自私任性的人，相反，她是个特别在乎别人感受的人。"

因为两人都通过了"考试"，科长答应下次请两人吃饭，B 小姐禁不住跳起来道："太开心了！""你好像也变成 C 那样了！"科长竟然冷不丁地开起了她的玩笑。

B 小姐的自我厌恶究竟是怎么回事呢？B 小姐厌恶的究竟是自己，还是 C 小姐呢？当 B 小姐认为同事们都在随心所欲地做自己想做的事时，真正想尽情做自己喜欢的事的，其实正是 B 小姐自身。

我们每个人与他人的连接的紧密程度，其实超出我们的想象。由于这个原因，所以我们并不能简单地断言，自我厌恶仅是一种指责自己的情感。

防御的迷雾

那么,B小姐这种强烈的自我厌恶感究竟是从何而来的呢? 这是我们在B小姐得到科长的帮助,跨越过这个难关后注意到的,其实,B小姐真实的情感是,希望自己能像C小姐一样大胆地做自己想做的事,而当她这样实践后发现,自己是可以去尝试各种可能的。

关于这一点,我们可以抽丝剥茧,了解得更详细些。B小姐曾经回忆起当她还是孩子的时候,每次当她想要做些什么却没有做好时,总会遭到父亲的斥责,为此,她即使是想做什么事,也立刻就会感受到如果做了就会被谁呵斥的恐惧。"反正你是做什么都会失败的,别丢人现眼了!"这样的声音总在她的耳边响起。B小姐在不知不觉中身心都被类似这样的意念所控制,即便是她完全能够胜任的事情,她也没有了尝试的气力,不由自主地就畏缩不前起来。

了解了这些后,我们可以清楚地看到,B小姐的自我厌恶是来自她对于自己不论做什么都会失败的不安,而为了从这种不安中保护自己,她在自己的周围撒下了犹如迷雾般的屏障。这一类自我防御,看似是对自己的严苛责备,真正的目的,是为了逃避清楚地认知自己或者他人。对于这一点,同事们是隐隐约约能够感知到的,所以她们认为B小姐是个自己能做的事却不去做,太过自私任性的人。

其实,所谓自我洞察,清楚认知自己与他人的状态等等,听上去有模有样,实际做起来,困难程度却超乎想象。因为你可能有时不得不直面自己的缺点,痛定思痛;有时又需要甘冒风险,不顾一切地采取行动;有时对于他人的各种不足要以宽容的态度去接纳……也许正是由于要做到这些太过不易,所以不论是谁,都更想将自己沉陷在自我厌恶的迷雾之中,以此保护自己。

有一次,我遇到一个因为讨厌自己鼻子的形状而痛苦难耐前来咨询的来访者。这位年轻男性认为自己的鼻子太过难看,惹人不快,而在我看来,这就是一个平常鼻子,并没有什么特别惹眼之处。看他的这个情形,显然是将自我厌恶感完全集中到了鼻子这个点上,所以其他的事情在他眼里都构不成问题了。

对于这样的人,任何说服他相信自己的鼻子就是普通的形状并不逊色于其他人的言语,都是毫无用处的。从我之前的描述中,大家也应该有所了解,像这样持有如此顽固、偏执的自我厌恶感的人,通常都是因为他们内心深处存在着某个部分,是被他们自己强烈拒绝认同的。因此,对待这样的人,不可能发生前面那个简单例子中的快速解决问题的情况,而需要我们做好足够的心理准备,用相当长的时间耐心地去和他们接触交流。因为在这类人身上,防御的迷雾过于厚重而深锁,强行突入,只会让我们都困陷其中,迷失路径。实际情况也验证了这一点,我与这位来访者确实是经过长期的咨询治疗后,他才终于认识到存在于自己身上的最大问题,走出了自我厌恶的重重迷雾。

作为朋友

当我们不逃避自我厌恶这种情绪,而是与它正面交锋,那么在大多数情况下,我们可以对自己的缺点有清楚的认知。而当我们有了这样更明确的认识之后,自我厌恶感就会逐渐缓解甚至消失。可这又是为什么呢？按理来说,我们越了解自己的缺点,难道不是应该更强烈地厌恶自己吗?

要理清这个思路,想想自己和朋友之间的关系,脑中就会有个清晰的轮廓了。我想,没有任何人会觉得自己的朋友是个毫无缺点的人。一个人的人格形成有其整体性,我们的朋友有缺点,但也有长处。朋友,是作为一个拥有独自人格的人,被我们认可为值得亲近、值得爱的人。

事实上,如果有一个对自己来说没有任何缺点,只有众多好处的人在身边,喜欢这样的人那是理所当然的事,说任何爱之类的话都是多余的。但这事就显得过于功利了。真正的友情,是有时即使让你感到心中不好受,但知道这件事对自己的意义,在接受这种不好受的过程中感受到友情的可贵,并且通过类似这样的经历,使自己的人格也不断在改变中成长。

人无完人,这世上没有毫无缺点的人,而所谓缺点,很多时候它是与优点相连的。如果能清楚看到这一点,那么小小的缺点,并不能对一个人的存在价值造成多大的损伤。

前文所举的例子中,科长当面指出了部下的缺点,但那个女孩并没有因此感到不快和气馁,反而对自己的问题开始从正面着手解决。这当中的秘密是,科长虽然毫不留情,但他的指责是建立在充分认可 B 小姐的个人存在价值这个基础上的。

我曾说过,一个没有感受过自我厌恶感的人,是不会进步的。但即便明白这一点,当自我厌恶感袭上心头时,依然让人痛苦不堪,无法忍耐。这种时候,希望你可以回想起我上述的这个有关自己和朋友关系的比喻,在心中自己对自己说:"虽然你这家伙也是个有各种各样缺点的人,但我还是把你当朋友,来,我们就好好相处吧!"或者,你就像对着一个老朋友那样说:"你这家伙虽然有奇怪的地方,但不管怎样,你很尽力了。"不断尝试这样的自言自语,可以让你对自己不再那么苛责,当你做到了内心从容,就可以从自我厌恶的迷雾中突围而出。

在某种程度上,自我厌恶是因为拥有了独立的自我,并将自己对象化后衍生出来的情感。而在此,我们将这另一个自己分离出来,视自己为自己的一个朋友,当抱有这样一个旁观者的态度,就有可能克服对自己的厌恶,逐渐看清楚自己的缺点,并最终真正接纳自己。我相信,以这样的方式学习接受自己的人,也会不断增强接受他人的能力,从而拥有与更多的人建立友情的可能。显然,厌恶这种情感是可以成为我们拓展爱之路的工具的。

第五章

富裕社会的新生活方式

重新思考生活态度的好时机

1979 年的七国首脑会议被称为"能源会议",这显示出全世界都在面临严重的能源问题。节省能源成为每个国家都必须关心的事情,政府机关一下子变得神经兮兮,连空调的温度高低也重视起来了。因为经济的高速增长,曾经做什么都倡导以奢侈为格调,以消费为美德,而如今突然之间,又强调起了"节约",这让很多人觉得丢了面子。

不过日本人真是一个转变迅速的民族,举国号召节省能源,人们就立刻万众一心地响应。大家默认了这是一件"没办法改变"的事情,于是开始了各种忍耐。至今为止不断提升的现代化的便利生活,也不得不放慢发展速度,不进则退了。但是,细想这事,实在不是一个良策。我们不该一句节省能源,就不分青红皂白地让人们放弃文明生活,而应该在这个转换期,对文明生活这件事,重新进行一番慎重思考。

比如,欧洲是我们认为的现代文明先进地区,去那里走走最让我惊讶的是,那里的水果形状看上去比日本难看多了。就拿苹果来说,日本的苹果大得让你吃惊,色泽也是格外光鲜艳丽,而再看欧洲的苹果,大多数就像是品质参差不齐的"野生水果",味道也不像日本的改良品种这般脆爽甘甜。不过,最初让我觉得是乡间野果的欧洲苹果,习惯了一段时间,我再回到日本后,竟然嫌弃起日本的苹果味道太过

"人工化"了,自己也没料到会有如此转变。

日本人对"改良"的执着,可不是就此止步的。放眼周围,现在我们这些日本人,不论是蔬菜也好水果也好,好像都忘记了这些蔬果的最佳品尝期了吧?

草莓、西瓜原本最为甘甜的季节,在店头却难觅踪影,我们偏偏要在它们成熟早期,花上大价钱去购买,并美其名曰"尝鲜"。为了顺应这个势头,农人们要收获这些反季节的蔬果,当然也就不得不花费更多的能源,利用起了暖棚栽培之类的技术。那么,是顺应天时地利,不过多耗费能源,品尝来自自然的馈赠,还是以大量的能源去换取非自然的水果,究竟哪种行为更称得上是"文明"呢?

按这个思路再次探讨我们的"文明生活",诸如此类的能源消耗,在我看来,更多时候反而是一种"不文明"了。高速发展的自然科学使得物质愈加富足,生活愈加奢侈,我们现在的种种享受,是以前闻所未闻、想都不敢想的。

但是,原本意义上的文明或者说有品质的生活,不是更应在人工化与自然之间以理想的融合方式存在的吗?

由于我的专业是心理治疗,可能这会让我过度看重人们的内在精神的层面。特别是当我看到那些年轻夫妻们,拼命维持着那些物质性的所谓"文明生活",由此引发孩子的众多问题时,这样的感受更为强烈。

无疑,父母们对孩子们宠爱有加,为了不让孩子们有自惭形秽的感觉,家里不能缺辆好车,周末也不能不带孩子出游……只是让他们没想到的是,他们的所作所为,反而影响了他们和孩子们之间本应有的真正温暖的关系。物质上的过剩和精神上的匮乏是妨碍孩子成长的最大因素。因为父母与孩子之间自然存在的情感,正在文明的力量作用下濒临崩坏。

考虑到这样的现状,在我看来,这个节能时代,正是我们就文明的生活方式进行反思的一个绝好时机。倘若因为节约而使我们的生活倒退,未免有些本末倒置。以真正的文明来改变我们的生活方式,一种新型的节能的生活方式也必然会应运而生。又或者,将至今为止我们一直不断向外追寻的目光,稍稍转向我们内在的世界,这就可能会成为改变生活态度的契机。

不过,我现在所说的,真正实施起来绝非轻而易举的事情。比如最初说到的水果一事,日本这样的植物改良背后必定是与社会经济问题紧密相关的。在经济逐渐达到高速增长的时候,自然地制作,自然地买卖,是与经济增长相悖的,在我们目前的经济结构中,仅仅强调农作物的"自然"是没用的。

而我所建议的有关文明的生活方式的实现,可能关系到日本的经济结构的调整这样一个重大问题。以扩张为主还是以收缩为主,这两种完全相反的经济价值取向,决定了运营方式、组织结构的应有状态等都会发生巨大的变化。对于现在的我们来说,以文明的本质为中心,对生活的理想

状态进行重新审视和探究的同时,也必须好好研究这样的
生活方式与怎样的经济运营方式结合才是最恰当的。

必要的任性游戏

日本艺术治疗学会设在名古屋的南山大学中。在名古
屋,名古屋市立大学的木村敏教授、中井久夫教授,南山大
学的山中康裕教授等,都是全国知名的精神科医生,他们的
主持,使该学会极负盛名。1979 年,这个学会迎来了它自成
立以来的第十一届会议,盛况空前。但即便如此,"艺术治
疗法"对于一般大众而言,仍是一种颇为陌生的专业疗法,
很多人几乎闻所未闻。

对于各类精神障碍的患者,艺术治疗法以绘画、箱庭制
作、手工黏土、诗歌及小说创作,又或是音乐演奏、作曲、鉴
赏等形式多样的创作活动进行治疗,是一种越来越受到业
界重视的心理治疗方式。可能有人会表示怀疑,这样看似
平常随意的活动真的能称为治疗吗? 事实上,大量实验已
经证明,这些活动的治疗效果十分显著。

例如,我们已经知道,使用这样的治疗方法对最近不断
增加的身心失调疾病有效。"你试试看,在这个沙箱中制作
个庭院怎么样?"当我们引导患有身心失调症的成年人尝试
箱庭时,患者大多表现出半信半疑的态度,不过在医生的劝
导下,他们还是会勉强走近沙箱。那些最初把手伸进沙子
都有些抗拒,随手放几个小玩具在沙箱中就算完成任务的

人,在反复几次这样的操作后,渐渐地开始触碰沙箱中的细沙,然后开始摆出了山水楼台,认真地在上面创作起了自己心中的风景。

我在这里并不想介绍艺术治疗法,而是想以此作为一个窗口,对我们现代人的生活方式做一番反思,所以在此就不赘述有关箱庭疗法①了。我更想强调的是,对于作为现代人的我们,自由表达活动所具有的意义。一个在一流企业工作的精英人士,最初被身心失调问题困扰的时候,受邀请制作箱庭,"让我做这样孩子气的游戏,太可笑了吧!"相信很多人都会和他一样,觉得这事太过小儿科。

但事实上,我们的目的正是这个"孩子气"。在现代社会中,将我们被规矩教条和相互间的人际关系等等紧紧绑缚着的,被重重压力凝结成硬块的心,拉回孩子的世界,在童真般无垢的世界中重新自由自在地跳动。这就是我们的目的。而令人心痛的是,当我们把这个机会给到成年人时,太多的人却在自由面前恐慌畏怯,不知所措起来。好不容

---

① 箱庭疗法(sandplay therapy),即箱庭制作,源自欧洲的儿童心理方法"世界技法"(the world technique),后经瑞士精神分析心理学家卡尔夫结合荣格的精神分析心理学加以完善。此疗法通过在盛有细沙的特制箱子里自由摆放组合玩具,将来访者的无意识整合到意识中,激活来访者的自我治愈力,逾越心理障碍。20世纪60年代河合隼雄跟随卡尔夫学习了这一技法,他结合东方的意涵,将 sandplay therapy 翻译为箱庭疗法,意为"在沙箱中制作一个庭院",得到了日本心理学界极大认可,并成为日本心理治疗的主流之一。

易有了这样一个自由表达的机会,很多人却要么只使用沙箱的一个小角落,要么就只会用平沙板刮着细沙,做出一成不变的平整模样。人们在过于心急慌忙地适应现代社会的过程中,已经逐渐失去了心的自由跃动。

这类艺术治疗的不可思议之处,在于当患者们自由地组合前述的那些创作活动时,他们是以自己的能力在治愈自己。在这个过程中,我们这些治疗者,没有建议,不做指导,而是相信心灵在自由中所迸发的潜力,静静等待在它的作用下酝酿着的崭新开始(只是这个等待的过程实际做起来,远比想象的更艰难)。这是因为,人们虽然具有自我修复、自我治愈的能力,但这种能力如果没有有效地去发现,去运用,这个人就很容易陷入抑郁的泥坑。不过尽管如此,令人惊喜的事实是,对于所有痛苦挣扎在抑郁症中的人,不论孩子还是大人,如果给予他们自由的表达、表现的机会,他们都有可能依靠自己的力量慢慢痊愈起来。

这样想来,身心健康地生活着的人们,一定是在自己的人生中,按照自己的方式充分给予了自我疗愈力发挥作用的机会,也就是说,他们是自力更生地进行着类似艺术治疗的工作。当然,在自己的工作中能够自由融入自我创作的人毕竟是很少数,更多的人是以兴趣爱好和游戏玩耍来给予自己这样的机会的。但可悲的是,现代社会连兴趣爱好和玩耍都失去了自由度,这个问题无疑也成了产生压力的原因之一。

有一个学生来我的心理咨询室,谈到他的烦恼,留下了让我印象深刻的一句话:"我常去弹子房打游戏,做这件事根本让我快乐不起来,我是一边痛苦着一边在机械地打那些弹子。"这让我突然意识到,可能那些打着麻将或者跑去弹子房的人,也很少能够在这类游戏中享受"自由自在的舒坦感觉"吧。大多数人可能只是一边感受着某种奇妙的强制力的制约,一边搓着麻将,打着弹子吧。

这根本不是原本意义上的游戏和玩乐了。而这样的强制力,我们不仅在公司,在家庭中也同样能够感受到。即便我们是为了逃脱这种强制力而走上看起来令人舒心的高尔夫球场,却依然难以摆脱各种强制力的作用,规则约束成了无处不在的影子。于是,他们最终只有在我们这些治疗者面前,在制作箱庭的那个时候,才能够找到"童心又回来了,自己又可以无所顾忌地自在起来"的感觉,可实际上,这难道不是一件令人感到颇为无可奈何的事吗?

我说了这么多,希望读者没有误以为是建议大家去创作"具有艺术价值"的作品,我想强调的是,怎样在自己的人生中,拥有一颗自由的心,并给予自我充分表现的机会。在社会组织如此高度发展的今天,如果不设法找到与自己相适应的某种"艺术治疗法",每个人作为这个组织中的渺小一员,生存于其中,只能是随波逐流,失去自我,陷入身心失调的漩涡之中。

与外国人的交往方式

不久前我接到一个来自某企业的陌生人打来的电话。大致情况是,有一位访问这家企业的美国女性,因为对我的专业抱有很大兴趣,因而想与我见面。由于我那天日程排得满满的,便拒绝了对方,但对方再次坚持,强调那位女性在日本只能逗留两天,所以要求我无论如何协调一下时间。我所从事的心理治疗这个工作,每周按照预约安排,要和15位来访者进行面谈。而且我还有大学的工作,所以在我的生活里,挤出空余时间不是一件三言两语能解决的简单事。人可能是一旦忙碌起来火气也就跟着大起来了,但不管怎样,对方认为是外国人的要求就什么都可以通融的口气,就是让我大为不快。

所以我在电话中的口气也有些不客气起来。

"我在美国也待过一段时间,那里与人见面事先预约是基本的礼貌,特别是对于怎么都想要一见的人,那是要提前相当一段时间打听对方的日程,以便调整时间的,我在美国时一直是按照这个规矩做的。为什么这位美国女性认为在自己国家应当遵守的礼仪,到了日本就可以不用遵守了呢?在日本只能逗留两天这件事,是对方之前就知晓的吧,既然这样迫切地要和我见面,那为什么不在这之前就提出呢?这些问题请您问问对方。"

我这样一说,对方也感到处理不当,非常诚恳地向我致歉。

我这样的日本人,真是没有出息,当对方这么一道歉我反而突然就减弱了气势,像自己做了坏事一般,心里觉得过意不去起来,忍不住在心中嘀咕:还是应该勉强挤个时间见一面为好吧。

这之后不久,我和一位在日本居住了将近二十年的欧洲朋友见面。这位朋友日语非常流利,所以我们两人全程都用日语交流。聊着各种话题之间,这位朋友言语中流露出了无法与日本人深交的感叹。由于日本人很看重"外国人",所以老外们最初都会感慨,日本人是多么亲切友善啊!但在之后的交往中他们却感受到,"外国人"是很难在真正意义上成为日本人的亲密朋友的。我这位朋友为此感到很是难过,沮丧不已。

他和我谈起他的一次难忘经历。有一次他在用日语讲演时,有位日本人在他讲演之后特地来与他交流,说道:"您的讲演非常棒,让我特别佩服,不过您的日语,有些词语的运用稍微有些问题。"这位听众一边指出了他的错误之处,一边说明了更正的理由。我的这位朋友对于这件事由衷地感到欣喜,"他的话让我感到从没有过的感动和欢喜。那才是真正的亲切啊!"接着他又再次感慨道:"我在日本待了这么久,被这样亲切地对待,却是第一次。"因为这,这位朋友眼中含着泪水对我说,要和日本人建立起真正的友情实在太难了。

　　我听着他的这番话,想着他在日本生活了这么长的时间,胸口感到被堵住了一般沉闷起来。不过奇妙的是,之前因为拒绝那位美国女性而感到后悔自责的感觉却是淡了不少。随着国际交流越来越频繁多样,我们有必要对如何与"外国人"进行交流做一番认真的思考,特别是当这些"外国人"中也包括亚洲人的时候,更让我痛感到,日本人与"外国人"的交往方式是何等偏颇和扭曲。

检查泛滥

　　以前发生过品行恶劣的医生由于"药物滥用"而受到舆论批判的事情,最近又出现了"检查泛滥"的问题。有位医生对一个因为单纯疲劳而引起身体不适的患者,一次次地让他进行各类身体检查,这个患者由于这些重复且过度的检查而身心俱疲,病情反而更加恶化了。针对这类医生,或者更进一步说,针对这类形态的医疗体系的批判,有利于促进制度、环境等的改善,而我对此更想引申思考的,是容易促使这类事态发生的我们现代人的现有状态。

　　之前说的是品行恶劣医生的行为,但我也听到很多有职业良心的医生们说,如果对患者表示,你不需要做身体检查,也没有必要吃药时,大多数患者会明显流露出不满的表情。有些患者甚至会主动要求:请帮我做个 X 光检查;我想要服药。也就是说,医生的问诊或者是触诊,还是会让患者感觉不够全面,生怕忽略了什么,觉得有了更多的检查报表,才会心安。在我看来,这是由于现在的人们过于相信各种高科技检查设备,这就影响了他们对医生个人的整体性诊断能力的信任。这件事虽然对我们的生活很有影响,但问题还并不止于此。

给了我打开这扇问题之门钥匙的是一类患者的生活态度。这些患者是从医生的诊所转介到像我这样的心理治疗师这里来的。假如有一个人,满心以为自己得了癌症,医生根据检查结果对他说身体无大碍,但他依然无法安心。于是这个人再到别的医生诊所进行检查,就这样不断地重复这个就医过程。当这样一类人来到我的咨询室,我能够感受到盘踞在他们内心深处那种强烈的不安。

我们所处的当代被称为不安的时代。我们是一群被每日里的匆忙所缠绕,连偶尔回首看看自己来路的余暇都没有的人。有时候,我们停下急促的脚步,不由得自问,自己从何而来? 向何而去? 有人在宗教中找到了答案,这未尝不可。但现代的大多数人,没有这样的信仰,对于这个根源性的问题,找不到任何可以让自己安身立命的人生信念。而意识到这一点,并为之内心痛苦,无法自拔的人们,便将自己内在的根源性不安转换成了身体上的疾病。

无法依赖宗教的人往往会高度依赖所谓"科学"。但是,只要没有解决内在根源性的问题,这个人的不安就无法消除。于是,这个人只能不断寻访不同的医生,要求做各种检查,服各种药,用这样的行为来缓解那个不安。在医生们施力于不必要的医疗的背后，其实存在着现代人的这种心理动因，这是必须引起我们深刻认知的现象。

不过，也有很多医生清楚了解我所提到的这类现象，所以这些医生不会屈就于患者的要求，他们会耐心劝导患者，让他们理解不必要的检查和药物对身体的伤害。只不过，这样的说明往往要占用医生一个小时的诊疗时间（甚至大多数情况下还不够）。这个医生为这番口舌之劳能得到多少收入可想而知，与那些滥用检查和药物的医生比起来，相当于零吧。对于这个问题，大家最后都把它归结于制度，我也寄希望于能从这个点出发，改善医疗制度，支持那些真正有医德的医生。

家庭与人性

最近，我不断接到在各行业活跃的女性的咨询面谈，她们因为孩子的问题深受困扰。她们所谈到的孩子问题情形不一，而对于她们的困境，社会上一般的反应很是简单、冷淡：母亲为了自己的事业、工作，踏入社会，舍弃孩子，不是什么好事。甚至周围还有这样令人无言以对的评判："你现在就是得到报应了，这就是孩子对你的报复！"

确实，如果我们眼见这些妇女因为踏足社会而不得不牺牲对孩子的照顾，可能忍不住会言辞严厉，但事实上，说这些话于事无补，而且对事情本质的认知也过于轻描淡写，这就容易让人产生这样一种错觉，认为女性还是守在家庭中更妥当。

像这类来咨询的母亲之中,有位女士的话令我印象深刻。她说,自己在社会的人际交往中,构建了一种假想中的家庭关系,以为这是一个可以容自己"休整歇息的港湾",不料反而是家庭关系成了自己的最大负担。家是一个温暖的港湾,这已经是老生常谈的一句话。但对这位女性而言却是恰恰相反。从这个角度来考虑,问题在于它是超越男性和女性之间差别的某种东西。因为,如果是男性,大多数人在职场中或者是饮酒放松中建立人际关系,找到自己的"休息场所",他们更会将家庭中的关系视作束缚和负担。

为什么会产生这样的逆转现象呢? 过去,家庭中有一种特有的同心协力的一体感,这是家庭成员感受到温暖,为之身心轻松的源泉。然而,这样的一体感,大多数情况下是以压制家庭成员的个人欲望为前提的。一旦意识到这一点,这个人恐怕就会感受到家庭对自己个人欲望的抑制,而把家庭视为自己前行的障碍,选择走出家门。

但与此同时,由于我们的内心深处还残存着对家庭一体感的向往,于是就会出现之前那位女士那意味深长的话,试图在社会中模拟出一种理性的家庭关系。因为在这样的关系中,人们以各自的主意、主张或者兴趣为中心形成一体感,并且,由于这类交际有各自不同的时段,不需要在人前把自己的阴影部分都展露出来,所以可以方便地得到令人喜欢的轻松一刻。

但人性真是一个非常可怕的东西，具有太多的两面性。善良被险恶欺骗，爱情被仇恨蒙蔽。人性中不断暴露出背负着阴暗的存在，在这样的互相牵扯中还要维持一体感，实在是太不容易了。而真正的家庭，不正是在这些不容易中坚持下来的吗？因为家不仅是休憩的港湾，也是战斗的场所。生活在这样的两面性中，并齐心协力跨越重重障碍，家庭才能结成更紧密深厚的人与人的关系。

如此想来，以前家庭的一体感并非如此，那时候，大多数的一体感是以女性的忍耐顺从为基础达成的。而那种为了否定这种一体感而走出家门的行为，其实也只不过是在逃避发生在家庭内的全面接触和接纳一个人的困难性。大多数人是在外界社会中构建了一种看似漂亮的虚假的家庭关系，然后自以为可以躲藏在里面，得到放松。

孩子们不是在反对母亲的外出工作，他们是渴求着父母的人性回归，是在要求一种情感和理智相平衡的生活方式——不论是外部还是内部，而他们提出的问题，就是他们的愿望所在。

媳妇和婆婆

说到婆媳关系这个话题，可能有人会觉得这么陈旧的话题怎么现在还在提？很多人认为，这在以前才是一件困扰众多家庭的大事，而现在由于逐渐步入核心家庭化，家庭多以夫妻和孩子组成，"被婆婆欺负"这样的女性大幅减少，相应的问题也大多随之解决了。然而,由于这个问题与人的深层生存形式相关联,即使其外显的部分可能发生了很多变化,其实还有很多点值得提出来认真探讨。

我之所以在此特地提出这样"陈旧"的话题,是因为类似这样的家庭内部争执发展到离婚的案例,最近接连遇到了几个。

其中有一个例子是,有位母亲在自己儿子娶媳妇时,决心绝不像自己的婆婆那样,对儿媳做荒唐的事情,于是便对儿子说婚后与他们分开居住。分居后,这位母亲觉得自己当母亲的对儿子夫妇总要多关照些,所以经常会带着一些年轻夫妻可能会喜欢的礼物去儿子家做客,让她想不到的是,儿媳的态度毫无道理。她特意挑选的那些礼物,也被胡乱塞在角落里,一看就是没上心的。收礼物不道谢不说,连茶也不倒一杯。对于一个大学毕业、应该懂得礼貌教养的女性来说,这样的态度实在让人难以接受,这也使得这位"懂道理的婆婆"不由得满腹牢骚起来。从这个婆婆的角度来看,儿媳的做法实在是不可理喻,让人费解。

还有与此完全相反的情形。年轻夫妇为了让母亲欢喜,要么热情招待母亲,要么就是带上母亲喜欢的礼物去看望。然而不论两个年轻人怎么做,母亲却是态度反常,毫无来由地生气,莫名其妙地哭泣,小两口的努力付之东流,好心得不到好报。这种时候作为夹在婆媳之间的男性,不可避免地要担当起调停的角色。若是从这个角色中迅速逃走,或是站在其中一方的阵营,都只会使这场婆媳之战更加扩大,直至硝烟弥漫。

究竟为什么会发生这样的战争呢?其实这与母性所具有的两面性大有关联。当母性张开温暖的怀抱包容我们的全部,给予充分养育的时候,我们感受到其正向的部分。但是,身处这样充溢的包容力之中,会使内部的事物感受到压迫,这时就会显出负向的部分。母性之中就好似存在着生死两个面,时而犹如慈爱大美的观音菩萨,时而看似凶悍骇人的夜叉。当一个心怀善意的女性采取行动时,她对于自己母性中所含的负面部分是完全无意识的,而接受她的"来访"的人,却会有种强烈的被侵入感,于是仿佛看到了像鬼一样的夜叉。为了对抗这种侵入,就像那个媳妇一样,完全弃自己的学问和教养于不顾,也只好把自己变成母夜叉了。

被婆婆欺负这件事也是同样,负的部分是意识而为,易于察觉,而"善意的侵入"通常是无意识的,这就使得对抗的行为也在无意识中发生,反而使问题更为严重。而实际上,像这样的情形,两者互相看到的都不是真实的对方,而是自己内在隐藏着的母性中所具有的鬼子母神般的那一面在对方身上的投射。

之前也说过,男人们对于女人间的这场战场是非常无知的。而且,由于日本的人际关系本质上与母性的要素有着牵连,男性之间的关系也会出现类似上述的问题。如果说"善意的侵入"几乎在日本各个层面都引发着问题,我想这并不是什么夸张的说法。

当代女性魅力的条件

何谓"女性魅力"，这是一个很多人都感兴趣的话题，却也是一个非常容易令人产生混淆的话题，所以，首先我想就一点在这里说清楚，那就是，当我们在思考"女性魅力"究竟是什么样的，又或者说，这种所谓的"女性魅力"是否确实存在的问题时，与这个问题共存的另一个疑问则是，"女人是否就一定要活得像女人的样子"。我们常常将这两件事混为一谈，这就使得这个话题错综复杂了起来。

既然如此，我们不妨把"女人是否一定要活得像女人的样子"这个问题撇开，先来试着聊聊女性魅力究竟是什么。在我看来，不将"女人一定要有女人的样子"这一观点作为绝对前提来考虑这个问题，这种态度正是当代女性魅力的必备条件。

至今为止，大众眼中所认同的女性魅力，一般都会用亲切、柔弱，还有可爱、娇憨等词语来形容，但仔细想想，这些形容词好像也并非只限于女性。最近，软弱的男人，过分温柔的男人等等，在我们身边也并不罕见。男人与女人之间的差别，不再如以往以为的那般泾渭分明。不过虽然这种情形越来越多，但也很难就此认定男女都一样了。当我们尝试思考男女之间的本质差别究竟源于什么时，也许会注意到，现在的男女与过去的男女无所谓新旧，甚至可以说，人类从古至今都没有什么根本变化。

关于男女本质上的差别,可以有不同的看法和解读。我认为,相对于男性而言,女性对于自我的"存在",无疑比男性更有切实的感受。这种"存在"源自女性心灵与身体的紧密结合,而对此,女性似乎有种不言自明的感觉。

与之相反,男性的存在感是脆弱的,而为了强调自己的存在感,男性必须以"实现"什么来证明自己。为此,男人们从古至今乐此不疲地"实现"着什么,连不需要做的事也去做了。于是他们就这样筑起了我们人类称为文化的那些表层的装饰物。当然,我这样说并无任何褒贬之意,"存在"与"实现"两者无疑同样重要,而且不论男女都需要这两者,我想强调,事实就是这两者是男女的基本差别。

然而,社会发展到近代,"实现"却越来越得到重视,并被赋予了极高的价值。如此一来,对女性的不利显而易见。针对这一点,女性以极大的努力来显示自己是可以"实现"很多事的,丝毫不逊色于男性。像这样一类早前被称为"近代女性"的先锋者,她们展现出了自己优秀的才华,证明了女性的卓越,必须得到应有的评价。

但是,当男人和女人们都热衷于"实现"时,我们能够逐渐感觉到,支持"实现"的那个存在感越来越稀薄了。人们在拼命工作的同时,却不知为何感到空虚。现在的我们是不是差不多到了应该去思考如何去超越我们的"近代"视角的时候了呢?现代的女性,在去"实现"之前,是否更应该探寻一下那种"存在"的意义呢？当然,这绝对不是走回头路,不是重新走上前近代的那条"女性魅力"之路,像过去的女人那样,安住在那种"存在"中,而是反问自己作为女性的"存在"意义,并有意识地把握自己,率性而为。

也就是说,在思考自我的"存在"的过程中,必然会产生一些我们要去"实现"的东西。但这种"实现"不是行为至上,为了做而做,而是以"存在"为基石,在不断追问"存在"的过程中自然产生的。不仅如此,更不可思议的是,一直以来被我们称作"男子气概"的气质,也会在这个过程中出现,女性将经历这样一个不可思议的逆向结果：在追求"女性魅力"的过程中,却获得了对于"男子气概"的发现。

同样的情况也在男性身上出现,当男性将力量过度倾注于"实现"时,"近代"的男性们也受到了存在感缺失的威胁。这使得众多男性被逼得患上抑郁症,难以摆脱困境。对此,如果这些男人们唤醒自己内在的"女性魅力",感知到"存在"的分量并有所行动,那么也许可以尽快走出困境。遗憾的是,很少有人能意识到这一点。因为对于近代以做什么为价值中心的思维观念,男人比女人更容易安住于其中。

我一直在想,挑战和超越"近代"的观念,是不是由女性开始发起的。最近的心理学也在不断研究和思考,"女性魅力"和"男子气概"并非对立,而更有可能是共存的气质。因而,具有男女两种气质的人物,是从现在开始的新的生活态度的引领者。不过，要达成这个目标，不论男女都必须从自己应有状态的源头出发，逐渐扩大自己的领域。

也就是说，不要简单地把重点放在做什么上，作为女性，除了对于"存在"的意义要有意识地关注之外，还要以此为中心，准确判断采取什么样的行为，这才可以称为新女性的生活态度。不过从现状来看，要实现这一点的可能性微乎其微。

母亲的自然态

最近听说犯罪少年的数量在不断上升。有一段时间，犯罪少年的案件确实减少了很多，但最近这两三年又开始增加了，媒体报道称是迎来了战后第三次高潮，并且强调现在的不良少年的犯罪行为更为极端，更为阴毒。以前的不良少年做坏事暴露后，会很干脆地低头认错，群殴打架的方式也是痛快直接，而现在这样的情形几乎没有了。

我曾经去拜访过长年辅导不良少年的老师，他们谈到，以前觉得这些少年不可救药，常常会生气、怒斥，但在这样的过程中，老师和少年之间会产生一种类似同舟共济的感情，老师在这种情感基础上指导孩子，令相当多的不良少年改过自新，重新回归社会，但现在这样的感情已经难以培养了。不知从什么时候起，现在的年轻人变得淡漠疏离，相当难以接近。

虽然不是所有的不良少年的犯罪动因都是如此，但他们中的大多数人的问题都是与母亲相关。这些问题的产生，并非仅限于母亲的失误，或是对教育的不热心。我认为其中最大的问题是，这些母子没有充分体验母子之间自然存在的一体感。即便母亲对孩子的教育热心执着，在育儿方面做了各种各样的摸索，但如果欠缺了这份与生俱来的自然情感，那么就会感觉做什么都阻碍重重。这一点至关紧要，无论怎么强调我觉得都不会过分。

对于母子间的情感，我用"自然"这个词来表达，但我们都知道，自然这件事，时至今日可不是已经变成一件稀有物了吗？就以育儿来说，相关的指导书籍琳琅满目，便利的方法也是层出不穷，但正因如此，反而折损了人类最重要的自然天性。

说到自然，可以毫不客气地说，现在的状况就是在损耗、破坏自然。在日本，自然对于我们人类而言，是如同母亲一般的存在，山川草木拥抱着我们，养育着我们。然而，对于母亲般的自然我们难道破坏得还不够过分吗？当我遇到那些因为缺少母亲的守护而产生问题的孩子们，我有时会想，这些孩子，不仅仅是因为母亲的原因，从广义上来说，他们更是母子间自然情感被破坏的牺牲者。

最近在看电视时，偶然看到葡萄催熟栽培的介绍，还是6月的初夏，电视里竟然播放着收获葡萄了。而成熟的葡萄已经完全从市面上消失了踪影。现在我们要想品尝与季节相应的"自然"的水果，好像也变得有点困难了。我实在无法理解,这样做究竟是为了什么?

拜"科技"发达所赐,我们可以有幸品尝到各种反季节的、寡味的水果。这个状况让我感到和那些过于信奉"科学育儿方法"的年轻母亲们非常相似,她们在婴儿自然空腹的时候,却偏偏不喂奶,说是要培养婴儿的忍耐力,她们还相信人工营养的方式比母乳更科学有效。对于母亲自然天性的破坏,往往会在我们料想不到的地方进行着,阻碍着我们人类自然情感的发展。

背叛

经常有人会说被不良少年"背叛了"。由于被这样背叛,心灵深受打击,所以对于不良少年的教养改造工作,很多人都说已经吃够苦头,不愿再接。

我举一个特别典型的例子。有位初中老师非常认真地开始对某个不良少年进行指导。这个少年是学校里恶名昭著的问题少年,谁都不愿与他交往,但老师的热忱让他逐渐愿意接近老师,最后,他居然会在这位住单身宿舍的老师的寝室留宿了。这个问题少年说继母很让人讨厌,实在无法忍受,他就来老师的宿舍和老师住在一起,与此同时,这个少年的不良行为也是眼看着越来越少了。老师了解到少年擅长赛跑,便鼓励他参加学校运动会,老师和少年都对此充满期待,希望能夺得第一名,让全校师生都能看到他改邪归正后的新姿态。

　　不料,在运动会的前一天,少年却拿了老师的钱离家出走,去向不明。老师的愤怒不言而喻,他感到无比灰心丧气。平时听着这位老师不时以自夸的口吻讲述少年如何改过自新,难免有些心中酸涩的同事们,这时有点幸灾乐祸地在旁说道:"我就说嘛,这些不良少年都是不可以信赖的。"

　　从事不良少年教养改造工作的人,想必谁都有过类似这样的体验。没有这类体验的人,要不就是异常优秀的人,要不就是没有真心实意从事这项工作的人。可以说,在这个行业中,往往是灌注的热情越多,受到背叛时的痛苦也就越深。

　　那么,少年为什么要背叛老师呢? 当这位老师心中对少年的愤怒平息下来之后,他首先意识到的是自己的骄傲。恶名昭著的少年由于自己的满腔热忱而成为一个好孩子。老师沉醉在自己的这份成功中。在办公室里,他大谈少年如何自新,如何救赎,他的洋洋得意溢于言表,这让周围同事们听着都难免心里有些不舒服。无疑,这个少年是能够清楚感觉到老师的这些心思的。不良少年们对于成年人们的内心活动,有着极其敏锐的感受性,他们对周围人们的种种言行看在眼中,了然于心,却很少诉诸表达。

　　如果我在此代言这个少年心中的所思所想,可能是这样的吧:"老师所做的所有这些事,看上去好像是对我的爱,但难道不是把我当作一个道具,为了在人前夸耀,好显示自己了不起吗?"依照这个思路,少年会认为,运动会上赢得第一名这类行为,不过是让老师有了更多夸耀的资本而已。这样看来,少年的拿钱出走其实就是在拒绝成为老师的道具。

或者,我们也可以这样考虑,就是老师的热情是否过于高涨了? 不良少年们的自新之路,犹如植物的培育,没有足够的耐心只能招致失败。当老师满腔热忱、斗志过于昂扬时,少年为了回应老师的激情,虽然尽了自己最大的努力,但不免有诸多勉强的成分在其中。不顾一切地想要掰直已经弯曲的树木,其结果却适得其反。老师和少年同住在一个宿舍里,不论生活还是学习都在帮助照管着少年,这些虽然都是好事,但对于这个少年来说,却是操之过急了。这就好像突然给一个绝食几天的人好多食物一样,腹泻不止还是轻的,严重的话就是把人推向死路。

又或者还有另一种可能。迄今为止,少年经历了无数次的"背叛",对于这个渴望爱的少年来说,父母也好社会也罢,都曾经反复地背叛了他的这种期待。于是,少年试图将自己的这份过于辛酸苦痛的感受传递给老师,因为这是第一个好像对他有真感情的人,是给予了他爱的情感的人,而如果真的是这样的话,那没有办法,老师也应该与他同甘共苦,体验同样的经历。所以,即便是违背本意,他也要做出背叛老师的行为,其背后也许饱含着少年这样的诉求:"老师,这让你心很痛吧? 你一定很愤怒吧? 但是,这样的事我已经不知经历过多少次了。经历了这样的事以后,老师还会像以前一样喜欢我吗?"

关于这个"背叛",我只写了这三个可供考虑的视点,相信还有更多可以思考的角度。不良少年们的行为,乍一看,让人觉得荒唐透顶,但这些行为却是在追问着我们这些成年人有关生存的意义。对此,我们不能简单地以指责痛骂了事,而必须竭尽全力地回应他们。

13 岁就已经心老

最近我一直很关注高山寺的明慧上人[①],查阅了各种有关他的资料。最初让我感兴趣的,是明慧上人留存于世的记录梦的日记,对于我来说,梦的记述自然诱人,但随着阅读的深入,我对这位风华绝代的名僧越了解,越被他的品行和人格魅力所吸引。

就是明慧上人这样一位高僧,在他 13 岁的时候竟然也有过自杀的念头。上人的传记中有这样一句话:"年至十三,心有所悟,已然心老,死之将近。"而既然同样是死,就要为众生舍身,抱着这个决心,他在黎明前去了一个名为三昧

---

① 明慧上人(1173—1232)是日本镰仓时代前期华严宗的高僧,贵族出身,幼失怙恃。17 岁出家,专注于修行与学问。1206 年在京都高山寺开山,统一华严宗与密宗,被尊为日本华严宗中兴之祖,他所传之教被称为华严密教。明慧上人以学僧之名著称于世,著述 70 余卷,最为著名的《梦记》,是他从19 岁开始,用 40 年的时光记录的观行中的梦与思。

原的坟场,准备以身饲狼。这件事结果没成,明慧上人也就打消了自杀的念头。

13岁的年纪,竟然说自己"已然心老",读着这段文字,我的心被强烈地震撼到了。当然,这是因为我所从事的职业,让我心中立刻浮现起了那些十二三岁就断绝了自己生命的现代的孩子们。

十二三岁的花样年华,正是思春期的初期。我认为,一个人在思春期开始之前,可以说基本上完成了儿童期的成长阶段。一个人从出生以来,成长到这个阶段,在这个世界上不断从所见所闻中汲取养分,并作为知识储存在大脑中,然后逐步具备了以这些知识为基础的判断力。我认为像这样的生存状态,是在迎来思春期之前的阶段需要完成的部分。作为验证,我曾经与思春期前的孩子交流过,发现他们远比我们想象的有更清醒的思考力,明确的表达能力,这常常让我不由得感慨:"小小年纪居然比初中生更稳重更有主见啊!"

然而,像这样的"完成度"实际上只是个假象。孩子们在这之后,将迎来从思春期到青年期这段惊天动地的变革时期。不过,这次我暂且不去碰触思春期内会经历的各种激烈的戏剧性变化,还是想就思春期前的这个阶段的某种"完成度"来进行思考。由于这种"完成度"是在人的深层内在孕育的,普通的孩子可能难以达到这个程度的认知,我想只有某种孩子——比如,像明慧上人这类具有浓厚宗教情感的孩子——才会对此有相当明晰的意识吧。

这个时期，这个孩子意识上的完成度和"终结"的感受，是完全超过一般成年人的推测和察知范围的。这些孩子们以成年人难以想象的纯澈透亮的眼睛看着这个世界和人生。当他们这样上下求索的时候，13 岁的年纪，已经感到了心老，这样想来，对准备以自杀结束人生的明慧上人，我有了相当的共感。

虽然我丝毫也不认为那些年纪轻轻就终结了自己生命的孩子们全都具备如此觉悟，但有些念头一直在我心头萦绕：在这些离开这个世界的孩子中，是否有这样的孩子呢？他们有着不被周围成年人所觉察的完成度，而他们的心思却无从告诉任何人。

少年的自杀问题，是最近经常被讨论的话题，大家都在考虑预防的对策。但是，为了拯救孩子的生命，我们最有必要做的，是在孩子们的存在价值这个根源问题上寻找共情性理解。想要以单纯的善意或者"预防对策"，阻止像上述这种孩子的自杀行为，可能只会让这些孩子远离我们，甚而选择脱离俗世，飞身投向虚无。

不断增进自己对孩子的理解力和接受力，是我们每个成年人一定要做的努力。

离家出走与儿童文学

人们常说："离家出走就是成为不良少年的第一步。"确实,很多时候,离家出走是少年少女滑落犯罪泥潭的一个关键转折点,这类案例我们经常听说。为此,我们这些成年人,不论是在家庭,还是通过相关的社会机构,都必须尽自己的一切努力减少孩子们的离家出走。

离家出走最让人为难的是,我们不能断言,在孩子们心中的这份"想要离家出走的心情"是绝对恶劣有害的,这是这个问题的最大难点。孩子们随着逐渐长大,必须要离开父母,尝试自立。当孩子们这种想要脱离父母、强调自我的意念增强的时候,不论是在多么美满和谐的环境中养育的孩子,都时而会有没来由地对父母产生抗拒,或是想要离家出走的一刻。仿佛有什么在牵引着,让他们没有理由,却无论如何就是想要走出这个家门。很多优秀的成年人,回顾自己的过往,会想起当自己还是孩子的时候,也曾有过想要离家出走的念头。也许,反而是那些一次也没有过离家出走念头的人会更少些吧。

真正的从父母身边开始自立,并不是用简单的离家出走可以完成的。懵懂无知中跑出家门,然后撞上现实的墙壁,令自己陷入一筹莫展的困局,这根本什么都不是,更不能美其名曰自立。但让我们叹息的事实是,即便如此,我们却挡不住少年们无论如何也要冲出家门的那股势头。这可谓是人生的难处吧!孩子们一方面被少年人特有的无所忌惮、鲁莽冲动的力量所裹挟,一方面心中惦记着一直以来与父母的情感和关系,同时,他们还感受到了现实的严酷,种种复杂的情感在内心纠缠，在这重重苦斗中，他们长大成人，实现自立。

在与孩子们的接触交流中，真正理解孩子们这番艰难的心路历程，感受他们的内心波动，对于成年人是绝对必要的。孩子们有时候会犯错，这种时候，我们即便了解他们当时的心情，对于犯错这件事本身，我们毫无容许的必要。只不过，在明确犯错就是犯错之后，我们要从孩子们做这件事的内在动机中，汲取正向的因素。这时候，成年人应有的从容的内心，是我们在对待孩子错误时必须持有的。

最近我看了一本儿童文学作品，是上野瞭①创作的《喂喂，我是狼先生》。这个故事的主人公是一个小学六年级的女孩子，她离家出走了。很荒唐的是事情发展成了一起"诱拐事件"，这个故事的具体内容，请大家去看原作。我在此想推荐这本书的理由是，这个孩子想离开家的心情，一件看似负面的事件是怎样向正面发展的，不仅是小主人公还包括她的家人们是如何在这个事件中成长的，这些很重要的点，作者铺展得特别好。像我这样的属于过去年代的老派人，对于故事的最初部分，觉得写得有点过于夸张了，但以现在的孩子们作为读者，说不定这样的夸张是属于常规，没有就不好玩了吧。

---

① 上野瞭（1928—2002），日本儿童文学作家。作品曾获得第 23 届日本儿童文学家协会奖。

　　儿童文学中有关"离家出走"的描述,最有名的是 E. L. 柯尼斯伯格的作品《克罗地亚的秘密》(中文又译《小巫婆求仙记》)。这部作品同样是以离家出走的少女为主人公,与《喂喂,我是狼先生》一样,在解读"秘密"对于孩子们来说具有怎样非同寻常的意义这一点上,两部作品非常相似。柯尼斯伯格的作品中,离家出走的场面声势浩大,颇为美国式,出走的孩子竟然戏剧性地住进了纽约大都会博物馆。

　　阅读这两部作品,将日本和美国的"离家出走"两相比较,很是有趣。两个孩子都是出于对父母的不满而离家出走的,让我感到很值得寻味的是,孩子们的出走方式,回家的方式,以及大人们对孩子出走的反应等等,显示出了日本与美国各自的特征。我在此只是提到了这两部作品,而在儿童文学中有关"离家出走"的主题相当丰富,大家有兴趣的话可以去查阅,我觉得这会是件很有意义的事。

　　我在此虽然只强调了孩子离家出走的主题,其实在儿童文学的名作中,有太多有关孩子们的鲜活信息传递给了我们,这不是干巴巴的教育孩子的知识,而是将孩子们活生生的模样原封不动地摆到了我们面前。不仅如此,对于我们该如何对待自己的人生,童话故事同样具有促使我们深思的力量。

　　自诩为成年人的人们,请一定要看看儿童文学,这是我的诚恳建议!

被霸凌的孩子

"被霸凌的孩子"是最近在学校中出现的一个大问题。没有什么大不了的理由，却受到同伴非常霸道野蛮的欺负、凌辱，这样的现象显著增多，其中有些被霸凌的孩子甚至因为过于恐惧而无法正常上学。

仔细回想，被同伴霸凌的孩子或是欺凌同伴的孩子，以前也同样有。可能有人会觉得并没有必要像现在这般如临大敌，显得大惊小怪。但之所以被学校视为重大问题并受到社会关注，不仅仅是因为这类事件频繁发生，更因为这些欺凌、侮辱同伴的方式极其残忍，难以想象竟然是出自孩子之手。连幼儿园的儿童，在欺负同伴时，也会是好多小孩子一起冲上去又踢又打，程度相当恶劣。即使不是打骂的形式，有些欺侮会极其狠辣地抓住同伴的弱点，给同伴起绰号，这些绰号没有玩闹的感觉，只让人听了觉得冷酷无情。还有的欺凌会伴有性的挑衅和伤害行为，比如强行要求对方在众人面前裸露下半身等。还有让我在意的一点是，霸凌者对于心身障碍者的侮辱，他们盛气凌人，丝毫没有欺负弱小的顾虑。

综合这几点，有些人认为这与最近流行的漫画的影响有关。确实，翻看这些孩子们喜欢的漫画，其中不乏霸凌的内容，画面也很残酷，还会出现与性相关的描述。总之，与我们还是孩子的时候所接受的教育熏陶有天壤之别。但即便如此,如果立刻把矛头指向这些漫画,仿佛它们就是恶的源头,这又未免言之过早。漫画家们无疑只是创作着能捕获现代孩子们心灵的作品,现在的这种状况,其实更该说是漫画家和孩子们的心在相乘作用下产生的结果。

任何时代、任何世界都存在着阴暗的部分。问题在于这个阴暗的部分该具有怎样的形态,其实这完全取决于它与我们的关联程度。我在此想要慎重提出的问题是,父母亲对孩子们满怀期许——说是期许其实更像是硬推给孩子的,一个品学兼优的好孩子的世界,和漫画所代表的世界实在是相隔遥远,于是几乎分化成了相互对立的两个世界。

人从嗷嗷待哺的婴儿到成长为一个独立的人,势必要经历各种挫折,接受和背负不同程度的阴暗面,这是人生必经的训练。这毕竟是生命中的阴影,无法从正统的教育中获得。过去的时代,孩子们的挫折训练,往往是在以顽劣透顶的坏小子为首的孩子圈中接受的。在这样的圈子中,当然也有霸凌的孩子和被霸凌的孩子,只是这个圈子是由年龄不同的、生活在同一个街区的孩子们聚集起来的,他们被这个圈子守护着,也被捆绑着,在这个圈子中有光明的部分,也有阴暗的部分,两者融合在一起,让孩子们有强烈的同甘共苦的感觉。孩子们之间的年龄差,使彼此的竞争心得以缓和,反而有了关照和宽松的氛围。

现在的孩子们在课业和补习中忙得焦头烂额,几乎没有机会经历这类孩子圈中的挫折训练了。但是,由于父母过于用力地将孩子推向光明的部分,当这个部分一旦反转的时候,就很难掌控了。布莱兹·帕斯卡尔好像说过这样一句话:"想要模仿为天使,却最终表现成了魔鬼。"我们是否在过分想让孩子成为天使时,却反而让孩子成了恶魔了呢?

天之父与地之父

最近不少人都在感叹父权的沦丧。确实,家庭内部滋生的诸多问题,让我们很多时候会联想到父亲的软弱这个原因。家庭内暴力是目前的一个大问题,在这类家庭中,孩子呵斥父亲,父亲又惊又痛,却还是无奈地听从孩子蛮横无理的要求。我甚至还听到更荒唐的事情,有的父亲竟然被孩子命令下跪,磕头道歉;还有的孩子让父亲穿着衣服去泡浴缸……谁听了这样的事都会感到孩子太过冷酷无情,父亲太过懦弱可怜了。

孩子们之所以能做出这样的可鄙行为,是因为父亲的力量太羸弱。因此,父亲必须强硬起来。于是,倡导父权复兴的教育论风生水起,甚嚣尘上。其主要观点是,过去的父亲们是强大不容抗拒的,现在的教育应重新回归传统,父亲和学校的老师对不听话的孩子就该好好教训,就是动手打骂也不为过。甚至有些教育复古派还认为过去的征兵检查可以管束孩子,应该实施起来。这类突然向右倾斜的言论的出现,令人生畏。

　　我们就在不久之前，还听世人议论，父亲必须耐心宽容地对待孩子，理解孩子，不可以摆出权威主义的父亲架子，丈夫被妻子要求用"有理解的态度"去接触孩子，这才是父亲应有的表现……如今竟急转直下，变成了熊孩子就该打。这不由得让人在目瞪口呆之余，对这些父亲们也要深表同情。但是，问题真的是这么简单吗？在轻易主张父权的复兴之前，我想还是有必要对身为父亲这件事做一番思考。

　　在我们的心中，"父亲"这个称呼被寄予了特别的意象。这是远远超越我们现实中父亲形象的伟大存在。"父亲般的存在"制定了所有事物的善恶标准，在我们最困难的时候，给予我们绝对的、义无反顾的支持。正因为有这样一个"父亲般的存在"的意象在我们心中，所以当我们思考该成为怎样的父亲时，这个意象就成为父亲的模范。

　　关于这个"父亲般的存在"的意象，为了和读者有更深入的探讨，我想分别以天之父与地之父来代称。若说得再直白些，这两者之间的关联，就是天之父是精神性的，地之父是肉体性的。天之父赋予人类生存的法则、原理，指明未来的方向。但当这种精神性的力量过于强大时，对法则稍有不敬就会受到严厉的处罚，天之父便会化身为极其可怕的存在，有时甚至是极端严苛无情的。地之父的力量则强韧而温厚，给予了人类生命力。但同样的，当这股力量过于强劲时，生命就会被剥夺，人生就会荒芜。

　　以这样的两分法的思路来看，日本过去的强悍父亲形象,虽然具有地之父的强韧,但也缺乏天之父的强硬。我举一个例子。有位很严厉的父亲,对孩子的培养从小就很严格。孩子长大后恋爱了,交往的女性与这位严父的标准差之千里,当儿子提出要和这位女性结婚时,这位父亲虽然内心狂怒,却束手无策,因为人们都对他说,"现在是民主的时代了啊!""你必须要尊重两个相爱的人他们自己的意愿!"他无法与周围的这些言论对抗。对他而言,这件事如果是"大家都是这样做的",那就近似于至高无上的命令,不可违背。于是,这位严父连将自己个人的意见抛向儿子,以此相互碰撞、交流的勇气也没有了。

没有自己的判断力,依赖他人或者众人的想法,是日本人的特征。这就像我之前一直将日本和西方社会比较后所强调的,不尊重个体,而是极其在乎守护重视全体的"场",这一属于母性的心性,在日本是放在优先位置的。

引入这个观点后,可以感觉到所谓地之父其实有追随"母亲般的存在"的强烈倾向。这样说来,对于孩子,即使表现出打骂教训这样的强悍,但支撑这种强悍的原理,不是来自天之父,而是依托在"母亲般的存在"所具备的"大家都要一样"这个心性上的。因而,有时非常强悍的父亲,会随着状况的变化突然变得软弱无能。

站在这种反思的立场上,现在突然声言父权的复兴,只不过是在唤醒日本人的地之父的强悍而已,并不能从根本上解决事态。甚至有可能因为无法满足年轻人无意识中对父亲的要求,招致强烈的反噬,眼看着父亲伟岸的形象被撼动。

那么,我们现在的课题是不是找出天之父呢?我们知道在西方社会,很久以来都是由基督扮演着天之父的角色。但这不是我们可以简单模仿的,而且我们也了解西方的这个基督形象也并非那么强大。

这样想来,我们就会认识到,生活在当今的我们的课题,绝不单纯,需要花费极大的努力去探寻。在我们日本人的精神史中,如果我们将父亲的意象区分为天之父与地之父,那么在探讨精神性的父亲究竟占有怎样的地位的同时,我们更需要在整合这两种特质上不断下功夫。

能为却不为的爱

我会接到很多有关孩子的教育方式的咨询。最近相继发生的有关孩子的令人震惊的事件,使得任何一个父母都会对孩子的教育产生某种程度的焦虑和不安感。有位就这类问题来咨询的母亲所说的一番话,给我留下了深刻印象。她说自己年幼的时候,父母是完全放养孩子的,没有为孩子做什么特别的事,自己也是习以为常,就这样很平常地被养大成人了。而现在的父母什么都为孩子着想,为了孩子竭尽全力地做各种事,孩子却还是出现各种问题,这究竟是怎么了?

说到父母的爱,可能谁都会认为就是只要为了孩子,什么事都想做到吧。父母内心都愿意为了孩子倾尽所有,哪怕是牺牲自己。像这样的父母之爱，从古至今没有变过。只是，以前父母即便有这份爱心，但苦于家中孩子众多，为了生存要早出晚归地忙于繁重的工作，实际上能为孩子们做的很少。但仔细想想，对于孩子来说，这样的培育不正是恰到好处的吗？

任何事都必定具有两面性，事物正是根据两者之间的平衡妥当地进行的。父母抱着为了孩子，什么都可以去做的心情过于热切强烈，很容易宠溺孩子，并且由于剥夺了孩子的自主性，反而造成不良后果。对于父母过于强烈的欲望要求，就如我之前所说的，以往那种出自自然的"抑制力"可以起到适当的平衡作用。而现在急剧的经济发展，使得这样的"抑制力"减弱了，父母们的竭尽所能，引发了各种教育问题。

这样想来，也就能够理解上述这位母亲的这番感叹了。正因为过去养育孩子是恰如其分地采取"放养式教育"，才使孩子获得了健康成长。不过这样说，并不是说过去的父母们有多么伟大，只是就像刚才所谈到的，这是父母的心情和自然的抑制力之间达到了恰当的平衡。

那么，对于现在的父母们最为关键的，就是不要一心想着为了孩子竭尽所能去做什么，而是即使能够做到也要克制自己不去做。比如，想要给孩子买参考书，本来是多少都可以买的，但偏不这样做，而是耐心等待孩子按自己的想法，去主动选择参考书。还有补习班也好，家庭教师也罢，父母们美其名曰是"一切都为了孩子"，在我看来，这只不过是将教育孩子的责任转交到了补习班老师、家庭教师的肩上而已。不论你有雇佣多少家庭教师的经济能力，都不如守护在孩子身旁，关照着孩子的主动性更费心神和精力，对于这一点，我想很多人都是心知肚明的。

正如过去的父母们为了孩子而不懈努力一样，我们必须在有些事能做却不去做上花大心思。如此作为，并不是简单地放任孩子，置孩子于不顾。如果只是单纯地允许孩子的任性，那么父母的努力就根本不需要了。不耗费心神的爱是不存在的。为了孩子，能为却不为，这个行为中凝结着父母的真爱。这是当今的父母们，不得不背负起的一个非常困难的课题。

关于"中年之道"的建议

1979 年作为国际儿童年，召开了很多与儿童相关的研讨会和座谈会。从成年人的世界来看，孩子的存在总有些无足轻重的感觉，被排除在成年人的兴趣中心点之外，但想到孩子们即将承担起未来的可能性，对儿童的视点要进行重新调整的主张最近坚定起来。

除了对儿童的兴趣之外，人们对青年、对老人的研究也变得热心起来。大家思考着人从出生到死亡的种种，唯独略去了中年时期，而热衷于对其他时期进行各种各样的积极研究。

　　细思这一点,在某种程度上也是理所当然的。因为人们认为,所谓中年,就是成年人了,而作为成年人,完全可以按照自己的喜好、意愿行动,于是也就没有必要对其加以"研究"了。话虽如此,现在的中年人们,是否真的能够完全按照自己的喜好生活这一点,是个疑问。因为最近来我们心理咨询师这边咨询的中年人可增加了不少。

　　一位在一流企业工作的科长和他的夫人一起来咨询。听他们的叙述,烦恼来自他们唯一的高中生儿子。儿子直到初中都是一个听话的、学习成绩优良的孩子,一向让他们放心。但他进入高中后开始变得抵触去上学,母亲提醒催促便惹他焦躁不耐,发展到如今,不仅对母亲,甚至对父亲也有了用武力说话的抗拒行为。在公司能够指令众多部下的科长,面对儿子却是完全束手无策,无奈之下,对孩子的蛮横胡为也就只好放任自流。

　　在听了这样的案例后,有人可能会简单地将此归结为这是因为父亲过于软弱造成的。但即便不认为这是家庭内暴力的人,也承认对于孩子们的任性行为感到头痛苦闷的家长绝对不是个小数目。

　　而当我和这对夫妻交流后,我发现妻子竟然对丈夫有着没完没了的不满:经常晚归,和家人几乎无话可说,对孩子过于溺爱等等。在一旁一直沉默不语的丈夫,在我的鼓励下,才口气沉重地说出心中的郁闷:可能在妻子眼中觉得自己就是在"光做自己喜欢的事",但公司里发生的那些糟心事有太多是无法跟妻子言说的。工作一天疲倦地回到家里，难道自己在家里还一定要"工作"不成？在我们的这次咨询之后，这位科长又特地来问我："像我们这样人到中年的男人，究竟要做多少工作才算是够了呢？"

接触到这样的案例，我切实感受到了"中年之道"的必要性。不仅仅是青年人或者老年人的生活态度和生存方式，中年人（说壮年也许更合适些）的生活态度和生存之道不也值得我们重新思考和重视起来吗？

首先，在类似这样的案例中显而易见的是，中年的男性和女性都相互十分缺乏了解。他们觉得那是"过于愚蠢无聊"的话题根本不想交谈，双方都对对方的生活所知甚少，于是只能凭空想象，或寄予不切实际的期待。就以刚才提到的这个案例来说，我清楚地感受到，这是将夫妻之间必须解决的问题，以孩子的问题的形式呈现了出来。

事实上，心理咨询师的存在是作为一个中间的媒介，夫妇两人通过这个媒介，在不断地、重复地进行着对话的过程中，逐渐解决孩子的问题。

"中年男人究竟应该做多少工作？"，这是一个深刻的问题。中年男人正值盛年，既是活跃在社会中的一员，在家庭中也承担着重要的责任。考虑到这一点，我认为不光是医学、心理学，还必须借助社会学、教育学等的知识，来综合研究有关中年人的问题。因为这些中年人正是支撑着人类社会的中流砥柱。

对中年女性的生活态度和生活方式也同样必须认真加以关注。她们热衷于孩子教育的时期已经过去,眼看着孩子们即将自立,中年女性们意识到必须寻找属于自身的生活方式。于是,有的人走出家庭就职,也有的人积极参与社会活动,还有一些人则专注于自己的兴趣。但是,这些事情好像并不像我们通常所想的那般简单易行。往往这种时候,人们会面临意想不到的挫折。进入一个完全崭新的世界,这虽是好事,但由于骤然切断了与以往生活方式的连接,这就意味着,有些人也会就此失去至今为止好不容易建立起来的东西。

人到中年,和年轻人比较,怎么都会让人联想到失去了蓬勃朝气的那种状态。但是,认真想来,这不正是成年人的时代吗?那么,究竟怎样才算心智成熟的人?人们固着于"年轻",对步入中年心生恐慌和抗拒,这妨碍了他们成为一个真正的成年人。于是,随着年龄的增长,这些人无可奈何地体会到长成一个不成熟的中年人的悲剧。

所谓"中年之道",其实真正研究的课题是,什么才是成年人。我想,我们必须好好反思有关成年人的定义,并需要付出极大的努力来明确把握成年人所具有的真正意义。

如何老去

日本人的平均寿命延长了许多。在我还是孩子的时候,60岁的人已经完全被看作是"老爷爷"了。"人生七十古来稀",现在已经无法对 70 岁的人说这句话了,因为现在 70 岁以上依然身强体健的人实在太多了。如果不是什么特殊情况,任谁都希望长寿,对此大家当然是欢欣鼓舞,但若意识到实际状况,可能也就不会光欢喜了。因为,延长了寿命的老人们该以什么样的方式生存,实在是一个很值得关注的大问题。

大约二十年以前,我第一次去美国的时候,脑海中留下深刻印象的一个场景是,公园里随处可见慢悠悠的老人。白天的公园里,众多的老人什么也不做,佝偻着身子,眼神空洞地呆坐在那里。他们是一群被社会和家庭不再需要的"无用的人",所以只能到公园里来消磨时光。那个时期,日本虽然还在为物质贫乏而苦恼,但却让我深感当时的日本老人比美国老人更为幸福,这种感觉我至今还记得。

此后的日本完成了经济迅猛发展,如今也进入了"发达国家"行列,随之而来的老人的生活、养老等诸多问题,也成了一大社会问题。这不由得让我们疑惑:文明的进步,为何反而给老人们带来了不幸? 这是因为,文明的"进步"这种观念,是厌恶老人的。在我们的文化还没有什么巨大变化时,老人是作为智慧的长者受到尊敬的。但是,当这个文化中出现了急剧的"进步"时,老人们就会作为进步中残留下来的部分,被无情地弃之不顾。

近代科学在日新月异的进步,人类寿命的延长无疑是它对这个世界的贡献,但另一方面,科学所具有的不断进取、喜新厌旧的本质,也在将老人们遗弃。这就像一把双刃剑,将太多的老人推向了悲剧的深渊。

对于老人们来说,那个仅仅因为年长就可以受到尊敬的年代已经过去了。于是,老人们意识到不能脱离"进步",老人们开始有了"一直要年轻下去"的欲望。因为只有拥有不输于年轻人的能力,才能得到应有的尊重,努力保持年轻已成为现在老年人生存的必须。但是,这样的事情真有可能做到吗?

最近,我就瑞士精神分析治疗家荣格的生平,写了一本名为《荣格的生涯》的传记。写作过程中最让我感动的是,我了解到以荣格为主要著述者发表的作品,很多是在他70岁以后写下的。直到他86岁去世前的一周,他还在伏案创作。显然,他的睿智并没有随着他变得年老而衰弱,那么保持这种能量的秘密在哪里呢?

荣格非常强调"人的后半生"的意义的重要性。如果把我们的人生比作太阳的运行轨迹,那么人到中年无疑是到达了顶点,中年之后就必须考虑该如何"认真对待人生的下坡路"了。在人生的前半段,奋斗上升是主旋律,所以,立足社会、构建理想的家庭放在生活的首要位置,而到了人生的后半段,尤为重要的是全盘考虑"怎样迎接死亡"这件事。生存对我们每个人都是至关重要的大事,中年以后,如何完成对死的准备是一个非常庞大的主题。

可能有些人听到我这样说,会感到诧异并难以接受。

超过七十,依然从事着壮年人都自叹不如的各种工作的人,怎么还在如此强调死这件事呢?这不是自相矛盾吗?但是,事实上这个点让我想到的恰恰是老年问题存在的悖论。

我们即便能够逃避"年老"的现实,却无法逃避死亡。并且,以怎样的心态去接受死亡,其实其中心问题就是以怎样的心态接受老去,这个论点中存在似是而非之处,确实让人有种玄之又玄的感觉。

被宣告患了癌症、已经到了无法手术程度的人,却没有像医生预测的那样早逝,反而活了很久。这样的事情最近听说了不少。对此做过深入研究的美国心理学者发现了一个很有意思的结果。被医生宣告得了癌症后,如同被抽去了精气神的人很快就死去了,同样地,那些认为无论如何不能输给病魔,因而非常顽强地与癌症抗争的人也死去了。

那么,那些活下来的人究竟是哪类人呢?面对癌症,他们既不会逼迫自己去战胜它,也不会在它面前丢盔卸甲,而是承认它,接受它,在余下的人生里与它和平共处。当然,这是说来容易做来难的事情。但是,能够做到这些的人们,让我们看到了超越胜负、超越生死的生活态度的存在,而能够在这上面发现具有非凡的建设性的意义,是非常了不起的事情。

生命必将迎接死亡,人生就是倒计时,这样看来,我们好像也可以说都是病情变化缓慢的癌症患者。因此,无论是人到老年仍旧保持着犹如年轻人般旺盛的抗争精神,还是对于死亡这件事情变得消极麻木，都是不可取的生存态度。而有别于这两种态度的"坦然接受死亡"的心态，才是我们的老年生活更加生气勃勃的能量源头。这也正是我认为的有关老年的悖论。

　　这样想来，我对于主张从中年开始就必须思考死亡的荣格，在辞世之前还沉浸在工作中的秘密似乎明白了。这不是想方设法为了保持年轻而努力，而是怎样积蓄"接受死亡的能力"，这种能力，是我们走向老年的重要的准备工作，这个工作是每个人从中年就应该开始的。而关于这个秘密，近代科学是无法给我们解答的。

文库版出版后记

　　"中年危机"最近开始被人们认识到，并被相当频繁地提到。以往我们的目光都集中在"青少年问题"和"老年人问题"上，从来没有把中年人的问题当回事，但正是这些年富力强的中年人，却背负着许多深刻的问题。过去自杀者大多是年轻人，现在中年男子的自杀率也在逐年上升。

　　人的寿命延长了，社会的变化加剧了，这一切使得人生进入中间阶段后，一个人所担负的压力比以往任何时候都要巨大。如果是在以前，在盛年期一心一意埋头苦干，这之后即使50岁未必知天命，至少到了60岁就可以心安理得地等待死亡。或者是让在青年时代积蓄的知识和能量在中年这个阶段开花结果，尽情施展自己的能力。换句话说，这个阶段好似人在出生到死亡之间翻越的一个山头。然而，在突飞猛进的技术革新进程中，中年人面对很快将被年轻人赶超的威胁，时常感到不安。中年人必须再次以新人一样的饱满热情去奋进。另外,由于平均寿命的延长,开个玩笑,就是我们都不能赶着去死了。为了让老年活得有价值有质量,中年开始的准备变得非常必要。也就是说,我们现代人的人生曲线图,不再是一座山峰,而是两座山,甚至三座山,我们必须要做好长途跋涉的各种准备。

社会发展到今天,处于盛年期的人们,就不能再说只要努力工作就万事大吉这样的话了。边工作边思考,边工作边学习成为必要。在努力工作的同时,需要多看看自己在整个人生中所处的位置。

因为这个缘故,我重新整理了这本书的内容,希望能够帮到一边工作一边思考的人们。我的写作本意是篇幅短小,用词平易,没有什么高深的理论——最初虽这样设想但实施起来却并不是件容易的事——无论如何,哪怕读者只是翻开自己感兴趣的部分,我也希望他们在阅读之后通过自己的思考，能够将其作为一种启迪灵活运用在生活当中，这于我而言就是一件幸事了。读者可能已经注意到，在我们日常的柴米油盐中，随处可见"心理学"的课题。盛年期的人们，要面对许多困难而且复杂的事情，但如果稍微变换一下视角，就可以发现其中也意外地隐藏着许多有趣的事情。希望本书有助于读者发现这些有趣之事。

最近在美国，针对中年人的研究突飞猛进，相关书籍大量出版。美国作为一个高速发展的国家，那里的年轻人活力充沛的身影让人瞩目。在美国，"年轻万岁"式人生观盛行已久，但到了最近，感觉也有了开始承认中年人优势的趋向。人们不再认为仅仅变得更为强壮、更为庞大是多么了不起的事，而是站在盛年期的顶点，开始不断自问走向年老力衰时的状况，并从中寻找更有深意的成长和发展。

我在本书的最后一节，稍稍谈到了"如何老去"这个问题，因为在盛年期，考虑如何向老年过渡，如何安度老年，已经变得非常必要。话又说回来，哪怕是以青春为自豪的美国，竟然也对中年的研究倾注了热情，这件事显然值得关注，而本书中，我的有关这类思考是与这些研究有重叠部分的。

时代在富足充盈中发展，我们的苦恼也在因此与日俱增，如果这个小册子能够对那些处在盛年期的人们有所助力，对我而言是最大的安慰。本书的出版得到了新潮社文库编辑渡边宪司先生的格外关照，在此表示衷心的感谢！

河合隼雄

1995 年 3 月

（本作品在 1981 年 7 月由 PHP 研究所出版发行后，1984 年 11 月收录于 PHP 文库本中。）